◎北京市高创计划教学名师项目资助

中国碳排放影响因素研究
——基于能源消费的视角

王永哲　马立平◎著

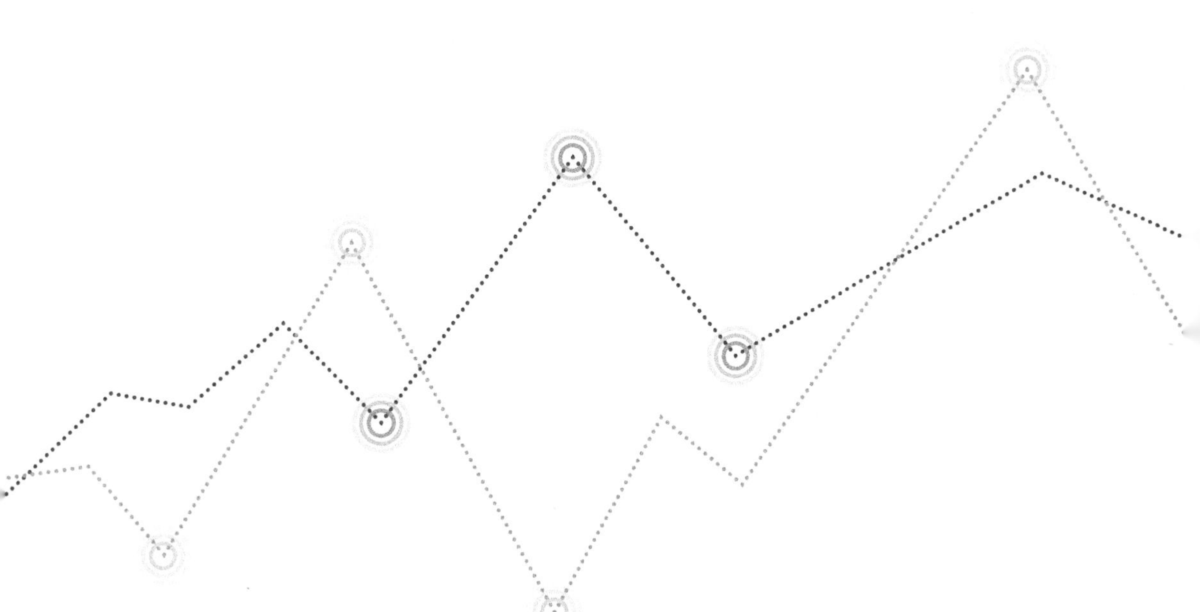

首都经济贸易大学出版社
Capital University of Economics and Business Press
·北　京·

图书在版编目（CIP）数据

中国碳排放影响因素研究：基于能源消费的视角/王永哲，马立平著. --北京：首都经济贸易大学出版社，2018.4

ISBN 978-7-5638-2748-0

Ⅰ.①中… Ⅱ.①王…②马… Ⅲ.①二氧化碳—排气—影响因素—研究—中国 Ⅳ.①X511

中国版本图书馆CIP数据核字（2018）第000704号

中国碳排放影响因素研究——基于能源消费的视角

王永哲　马立平　著

责任编辑 洪　敏

封面设计 砚祥志远·激光照排 TEL：010-65976003

出版发行 首都经济贸易大学出版社

地　　址 北京市朝阳区红庙（邮编100026）

电　　话 （010）65976483　65065761　65071505（传真）

网　　址 http：//www. sjmcb. com

E-mail publish@cueb. edu. cn

经　　销 全国新华书店

照　　排 北京砚祥志远激光照排技术有限公司

印　　刷 北京九州迅驰传媒文化有限公司

开　　本 710毫米×1000毫米　1/16

字　　数 173千字

印　　张 10.25

版　　次 2018年4月第1版　2018年4月第1次印刷

书　　号 ISBN 978-7-5638-2748-0/X·19

定　　价 35.00元

前　言

自19世纪工业革命以来，二氧化碳等温室气体排放量的急剧增加所引起的温室效应造成全球气候恶化问题，且这一问题已成为严重威胁自然生态环境，以及人类生活环境和经济发展的重大的全球性问题之一。二氧化碳等温室气体的排放主要来自于能源的消费与利用，而能源是一国社会经济发展的要素之一，因此，节能减排以减缓全球气候恶化不仅是环境问题，同时也是重要的经济问题。这个问题已经得到世界各国的重视和研究，成为全球共同关注的焦点之一。中国经过40年的改革开放，其经济发展取得了令全世界瞩目的成就，然而，高能源投入和低利用效率导致中国在高速工业化发展的同时，也带来了一系列日益突出的能源问题和环境问题。作为能源消费和碳排放大国，中国已开始高度重视全球气候变暖问题。中国政府在2009年哥本哈根世界气候大会上提出明确的减排目标，承诺到2020年实现单位GDP碳排放比2005年下降40%～50%，并将其作为约束性指标纳入国民经济和社会发展中长期规划中。2014年将“应对全球气候变化及绿色低碳发展”作为中国“十三五”规划前期的重大研究课题之一。因此，系统地研究中国能源消费碳排放的影响因素，进而提出有针对性的碳减排政策和措施，具有十分重要的理论和现实意义。

本书在对国内外众多学者研究成果进行梳理和总结的基础上，综合运用环境经济学、能源经济学、宏观经济学和区域经济学等理论与各种统计研究方法，分别从总体水平、产业层次、区域层次的角度，对中国能源消费碳排放影响因素进行了深入分析和较为系统的研究。本书开展的主要工作包括四部分。

第一，分析中国能源消费的特征与变化趋势，指出中国20年来各项节能政策措施的有效实施，带来了科学技术水平和能源利用效率一定程度的提高，但仍存在进一步提高的空间；采用《2006年IPCC国家温室气体指南》提供的方法，测算中国能源消费碳排放量并对其进行特征和变化趋势分析，然后对中国碳排放水平进行国际比较；采用灰色系统预测模型中的GM（1，1）模型，对中国能源消费人均碳排放量和碳排放强度进行了预测，并围绕人均碳排放展开影响因素研究。

第二，引入非线性格兰杰（Granger）因果检验方法，并建立中国能源消费人均碳排放影响因素分析的二次项具体STIRPAT模型。在国内外众多学者研究的基础上，将人口城市化作为重要的人口因素纳入传统的可拓展随机环境影响评估（STIRPAT）模型并对其进行了改进，从作用机理理论角度详细分析了改进的STIRPAT模型所包括的碳排放影响因素，即能源消费强度、能源消费结构、产业结构、经济发展水平、人口规模和人口城乡结构因素，是如何对碳排放产生影响的。使用目前在国内研究，尤其是能源和碳排放研究领域应用较少的非线性格兰杰因果检验中的D－P检验，构建“线性格兰杰因果检验—非线性动态变化趋势检验—非线性格兰杰因果检验”的检验框架，对中国能源消费人均碳排放与相关影响因素间的具体关系进行检验，并根据检验结果和判定结论，建立经典线性模型、二次项模型和三次项模型进行估计与比较，得出只有二次项模型与实际情况基本相符，能够反映出各相关因素对中国能源消费人均碳排放产生影响的基本实情。同时，使用邓氏灰色关联度分析方法实证验证分析结论，证明本书的理论分析、实证检验与分析结果符合中国能源消费碳排放的实际情况，从而为后文分别从产业层次和区域层次角度构建具体模型，对中国能源消费人均碳排放影响因素进行研究提供必要的理论基础和模型构建基础。

第三，广义费雪指数模型扩展。人口城市化作为碳排放影响因素已得到众多学者研究的认可，但尚未纳入广义费雪指数（GFI）分析。本研究在从总体水平角度对碳排放影响因素进行统计分析和实证检验得出结论的基础上，对约翰（Johan）恒等式所涵盖的影响因素进行扩展，将昂等（Ang et al.，2004）提出的广义费雪指数法由四因素分析扩展为五因素分析，即将人口城市化作为一个重要影响因素纳入广义费雪指数分析。同时，对约翰恒等式在产业层次分析方面进行扩展，与广义费雪指数方法相结合，建立中国能源消费人均碳排放因素分解模型，并利用相关数据定量分析了产业能源消费结构、产业能源消费强度、产业结构、经济发展和人口城市化五因素对中国能源消费人均碳排放变化的影响。该模型可以更加细化碳排放的相关影响因素，从产业能源消费结构和产业结构的调整与优化、产业能源效率的提高、人口结构影响等方面为碳减排提供科学决策依据。灰色关联度的实证分析验证了广义费雪指数因素分解分析的实证分析结论，从而说明由四因素扩展为五因素分析的广义费雪指数因素分解方法，从产业层次角度分析各影响因素对中国能源消费人均碳排放的贡献率。

第四，在能源消费碳排放研究领域将具体空间面板模型向非线性形式进行扩展应用研究。基于面板数据展开关于中国省域能源消费碳排放的空间回归研究，以改进的STIRPAT模型——二次项模型为基础，设定空间面板数据模型。利用中国能源消费人均碳排放及其影响因素指标的相关数据，进行各类相关检验，并根据各类检验结果选择具体模型进行估计和溢出效应分析，证实了中国省域能源消费人均碳排放之间存在的空间相关性，通过直接效应与间接效应分析，实证考察了各影响因素对人均碳排放的影响。然后通过地理加权回归模型分析，进行了中国省域能源消费碳排放的空间异质性研究。研究结论表明，能源消费人均碳排放在中国各区域间存在着显著的差异性，且各影响因素对人均碳排放的影响亦均表现出显著的区域差异性。

目　　录

1 绪论

1.1 问题的提出与研究意义

1.1.1 问题的提出

人类社会经济的发展与进步离不开能源，而对能源的消费和使用又不可避免地带来了污染、温室气体排放等诸多环境问题。受温室效应的影响，气候恶化已成为严重威胁自然生态环境，以及人类生活环境和经济发展的重大的全球性问题之一。自19世纪工业革命以来，二氧化碳等温室气体排放量的急剧增加被视为引起全球气候恶化的主要原因。二氧化碳等温室气体的排放主要来自于能源的消费与利用，而能源是一国社会经济发展的要素之一，因此，节能减排以减缓全球气候恶化不仅是环境问题，同时也是重要的经济问题。这个问题已经得到世界各国的重视和研究，成为全球共同关注的焦点之一。1992年，联合国环境与发展会议通过了旨在全面控制温室气体排放的《联合国气候变化框架公约》，规定发达国家缔约方应采取措施，争取到2000年二氧化碳等温室气体排放量维持在1990年的水平。缔约国经过谈判，又于1997年在日本京都签署《京都议定书》，确定了发达国家缔约方在2008—2012年的减排指标，要求其二氧化碳等温室气体排放量在1990年的基础上减排5%，同时确立了联合履约、排放贸易和清洁发展三种实现减排的灵活机制。

2007年2月2日，联合国政府间气候变化专门委员会（IPCC）在法国巴黎发布的第四次气候变化评估报告指出，从全球平均温度和海洋温度升高、大范围积雪和冰融化、全球平均海平面上升的观测中可以看出，全球气候系统变暖是毋庸置疑的；许多自然系统正在受到区域气候变化特别是温度升高的影响，区域气候变化对自然环境和人类环境的其他影响正在出现；从1750年开始，由于人类活动，大气中的二氧化碳、甲烷、氧化亚氮气体浓度已明显增加，其中占温室气体主要成分的二氧化碳浓度，从工业化前时代的约280ppm增加到2005年的379ppm，二氧化碳浓度的增加主要是由于化石燃料的使用；大部分已观测到的全球平均温度升高很可能是由于人为温室气体浓度增加所导致的，可辨别的人类活动影响超出了平均温度的范畴，这些影响已扩展到气候的其他方面；若沿用当前的气候变化减缓政策和相关的可持续发展做法，未来几十年全球温室气体排放量将继续增长；在一系列《IPCC 排放情景特别报告（SRES）》中的排放情景下，预估未来 20 年地球将以每十年约增加 0.2°C 的速率变暖；气候变化将会对生态系统、粮食生产、海岸带、工业、人居环境、社会、人类健康和淡水系统产生不利影响。

2014 年 11 月 2 日，联合国政府间气候变化专门委员会在丹麦哥本哈根发布《第五次气候变化评估报告》（以下简称《评估报告》）指出，世界各大洲和各个海域均已观测到，人类对气候的影响在不断增强且已显现出气候变化的影响，破坏气候的人类活动越多，其产生的风险也就越大，如果任其发展，持续排放温室气体将会导致气候系统进一步变暖并发生持久的变化，还会增强对人类社会各阶层和自然界造成普遍严重不可逆转影响的可能性。当前有适应气候变化的办法，而实施严格的减缓活动可确保将气候变化的影响保持在可管理的范围内，从而可创造更美好、更可持续的未来。《评估报告》同时提到，当前有多种减缓途径可促使在未来几十年实现大幅减排，大幅减排是将升温限制至 2℃ 所必需的，现在实现这一目标的机会大于 66%。然而，如果将额外的减缓拖延至 2030 年，到 21 世纪末要限制升温相对于工业化前水平低于 2℃，将大幅增加与其相关的技术、经济、社会和体制的挑战。

中国作为世界上最大的发展中国家，经过 40 年的改革开放，其经济发展取得了令全世界瞩目的成就，城市化和工业化进程的速度位居世界首位。1979—2012 年，经济年均增速达到 9.8%，而世界同期年均增速仅为 2.8%；经济总量所占世界份额在 1978 年仅为 1.8%，而到 2012 年提高到 11.5%；人均总收入 1978 年只有 190 美元，到 2012 年达到 5 680 美元。根据世界银行的划分标准，中国收入水平已经达到中上等收入国家水平。然而，在迅速工业化进程中，与之相伴的是能源消耗过快增长、能源效率总体偏低等能源问题，以及由此带来的诸如大气污染、温室效应等环境问题日益突出。根据国际能源署（IEA）的统计，2007 年，中国二氧化碳排放量为 60.71 亿吨，占世界 21%，已经超过美国位居世界首位，并且受经济增长持续性和产业结构调整长期性的影响，中国二氧化碳排放总量还会继续增长。随着后《京都议定书》时代的到来，出于国际社会对中国减排要求的压力，同时更是由于自身可持续发展的需要，中国已开始高度重视全球气候变暖问题，并在近些年为碳减排做了大量工作，取得了一定成效。2009 年，中国政府在哥本哈根世界气候大会上提出明确的减排目标，承诺到 2020 年实现单位 GDP 碳排放比 2005 年下降 40% ~50%，并将其作为约束性指标纳入国民经济和社会发展中长期规划中。中国在“十二五”规划中还明确提出了到 2015 年单位 GDP 碳排放比 2010 年下降 17% 的战略目标。2014 年将“应对全球气候变化及绿色低碳发展”，作为中国“十三五”规划前期的重大研究课题之一。2015 年 11 月 3 日，党的十八届五中全会通过的《中共中央关于制定国民经济和社会发展第十三个五年规划的建议》中指出，推进能源革命，加快能源技术创新，建设清洁低碳、安全高效的现代能源体系；提高非化石能源比重，加快发展风能、太阳能、生物质能、水能和地热能，安全高效发展核电。2015 年 11 月 19 日，国家发展和改革委员会发布的《中国应对气候变化的政策与行动 2015 年度报告》中指出，截至 2014 年，中国单位 GDP 二氧化碳排放同比下降了 6.2%，与 2010 年相比累计下降 15.8%。

碳减排是实现可持续发展的前提，降低碳排放、遏制全球气候变暖是全球社会经济发展的必然要求，需要世界各国共同做出努力。中国作为能源消费和碳排放大国，应进一步积极主动地研究和有效实施节能减排政策措施，实现经济增长方式的根本变革，在促进经济稳定发展的同时有效实现碳减排和低碳经济。因此，全方位地系统研究和分析中国能源消费碳排放的影响因素，从而制定有针对性的政策和措施，尽快实现节能减排目标，走上低碳经济发展之路是当今的一个重要课题。

1.1.2 研究意义

从目前的社会经济发展看，碳排放问题已经成为我们必须面对的现实问题：一方面，全球气候恶化问题已经成为不断困扰我们的重要课题之一。另一方面，环境可持续发展问题令人担忧。一直以来，以高能源消耗和高碳排放为主的经济模式，导致人类的生存和发展环境不断恶化。中国作为世界上最大的发展中国家，随着城市化和工业化的不断推进，能源消费总量在不断持续上升，且能源消费主要以煤炭为主。根据国际能源署的统计，2007 年，中国二氧化碳排放量已经超过美国位居世界首位。无论是出于国际上的压力，还是自身可持续发展的需要，开展节能减排工作、大力发展低碳经济已经成为中国社会经济发展的必然选择。

在社会经济发展过程中，大量消耗化石能源是造成碳排放的最主要原因，并且全球经济的发展在未来的较长时间内，依然会建立在消耗化石能源的基础之上。同时，碳减排在整个社会目前的经济技术条件下是有一定成本的，有可能会影响到国家的经济增长。对于发展中国家来说，发展经济是首要的目标。但已有的实践证明，“先污染、后治理”的模式会对环境和社会发展产生各种不可逆的破坏性影响，因此在当前中国经济快速发展的时期，研究中国碳排放的影响因素，探索有效的节能减排路径，无疑具有极为重要的现实意义。

发达国家在有效实现碳减排和探索低碳经济发展路径方面取得了许多成功经验，并积累了很多理论研究成果。借鉴已有的科学理论和成功实践经验是实现既定目标的有效手段。然而，鉴于中国的经济发展实际以及能源分布和能源消费特征，不能完全照搬国外的理论与实践经验，需要与中国具体国情相结合，探寻符合中国经济发展实际的切实可行的低碳发展路径。据此采用科学的统计方法和计量方法，全方位地系统研究中国能源消费碳排放的影响因素，进而提出有针对性的碳减排政策和措施，具有重要的理论意义。

1.2　国内外研究综述

1.2.1　能源消费与碳排放问题研究综述

1.2.1.1　*碳排放与经济增长关系研究*

国外学者关于碳排放与经济增长关系的研究主要围绕二者是否存在环境库兹涅茨曲线（EKC）方面。有些学者的结论是二者间确实存在环境库兹涅茨曲线。比如，格罗斯曼等（Grossman et al.，1991）[1]通过对42个国家或地区的研究，首次提出了环境库兹涅茨曲线，指出环境质量与经济增长呈“倒U”形关系。纳约特（Panayotou，1993）[2]和施马兰西等（Schmalensee et al.，1998）[3]证实了经济增长与环境质量存在环境库兹涅茨曲线。科尔（Cole，2003）[4]分析得出人均收入与碳排放存在环境库兹涅茨曲线，然而人均收入最高的国家尚未达到环境库兹涅茨曲线转折点的收入水平。黄等（Huang et al.，2008）[5]通过研究发现，21个经济发达国家中有7个国家的温室气体排放与其GDP之间存在“倒U”形关系的环境库兹涅茨曲线。有些学者则认为碳排放与经济增长之间并不呈环境库兹涅茨曲线。比如，沙菲克等（Shafik et al.，1992）[6]通过对149个国家1960—1990年的数据进行研究，得出这些国家的碳排放量与人均收入呈正向线性关系。理查德·约克等（Richard York et al.，2003）[7]在对1991年的137个国家相关数据进行研究时发现环境库兹涅茨曲线并不成立。阿佐玛豪等（Theophile Azomahou，2006）[8]对100个国家1960—1996年的相关数据进行了实证分析，认为人均碳排放与人均GDP在较大程度上具有结构性稳定，并且进一步证明二者间存在正相关关系。格拉布（Michael Grubb，2004）[9]等通过实证分析不同国家的人均GDP与人均碳排放，发现二者之间是一种不可一般化的复杂关系，其具体关系因年份和国别而不同。昂（James B. Ang，2008）[10]根据马来西亚的相关数据研究了污染、能源消费和经济增长间的关系，通过协整分析和格兰杰因果分析发现，污染和能源消费对经济增长具有正向关系，而经济增长是能源消费的格兰杰原因。

近些年来，国内学者对碳排放与经济增长关系的研究逐渐增多。比如，徐玉高等（1999）[11]通过实证分析发现，中国人均碳排放与人均GDP之间并不存在环境库兹涅茨曲线关系。王中英等（2006）[12]分析得出中国碳排放与GDP增长之间具有较为明显的正相关性。杜婷婷等（2007）[13]、胡初枝等（2008）[14]、王琛（2009）[15]等通过研究认为，收入水平与碳排放之间存在"N"形（立方）关系。郑长德等（2011）[16]使用空间计量方法进行实证分析发现，经济增长与碳排放之间呈正相关关系。陈文颖等（2004）[17]的模拟分析结果表明减排约束以GDP损失为代价，且减排对GDP的影响会逐渐增强并持续延续至实行减排多年以后。马晶梅等（2015）[18]使用投入产出数据研究得出中国能源碳排放与经济增长在1995—2011年（除个别年份外）均呈弱脱钩关系。林柠檬等（2016）[19]使用引导滚动窗口（Bootstrap rolling window）检验法研究发现，碳排放与经济增长在1969—2013年存在多样因果关系，且二者在存在因果关系的年份中的相互影响是动态的。

1.2.1.2 碳排放影响因素研究

国外学者对碳排放影响因素已进行了相当广泛的研究并取得了许多成果。如：伯兹奥尔（Birdsall，1992）[20]；纳普等（Knapp et al.，1996）[21]提出人口增长一方面增加能源需求，另一方面会破坏森林和改变土地利用方式，两方面均会导致温室气体排放的增加。什（Shi，2003）[22]利用STIRPAT模型对人口与碳排放的关系进行研究，约克等（York et al.，2003）[23]得出人口因素对碳排放的弹性系数接近于1，而什等得出的结果为弹性系数在1.41～1.65。韦伯（Weber，2000）[24]通过建立评估模型实证分析了生活方式和消费行为对能源消费及温室气体排放的影响。钟等（Chung et al.，2004）[25]；约克（York，2007）[26]指出，城市化作为影响因素会导致碳排放的增加。利德尔（Liddle，2004）[27]；陈等（Chen H et al.，2008）[28]则认为，由于城市化会提高公共交通和公共设施的使用效率，故而会相应带来能源消费及碳排放的减少。范等（Fan et al.，2006）[29]通过研究不同发展水平国家的人口、经济和技术水平对碳排放的影响，得出的结论是各因素对碳排放的影响因国家所处的不同发展阶段而不同。道尔顿等（Dalton et al.，2008）[30]提出城市化、年龄结构、家庭规模等人口相关因素将会影响到未来的碳排放量。

国内学者主要是针对中国的碳排放对其影响因素进行较为深入地研究。王等（Wang et al.，2005）[31]对中国1957—2000年的碳排放影响因素进行分析，得出减少碳排放的重要因素是代表技术因素的能源强度，能源结构也起到了一定作用，而经济增长带来了碳排放的增加。徐国泉等（2006）[32]采用对数平均权重迪氏（Divisia）分解法（LMD）定量分析了经济发展、能源效率和能源结构，对1995—2004年中国人均碳排放的影响，得出经济发展（拉动因素）对中国人均碳排放贡献率呈指数增长，而能源效率和能源结构（两个抑制因素）的贡献率呈"倒U"形趋势。刘（Liu，2008）[33]分析出由于技术进步和经济结构优化，使得城市化因素对碳排放的正影响效应有减弱的趋势。张等（Zhang et al.，2009）[34]使用指数分解法从能源效率、产业结构变化等方面，分析了各因素对碳排放的影响。林伯强等（2009）[35]基于对数均值迪氏分解法（LMDI）和可拓展随机环境影响评估模型（STIRPAT）分析得出的结论是，人均GDP、能耗强度、能源结构对中国人均碳排放具有重要影响。朱勤等（2009）[36]基于扩展的Kaya恒等式并结合对数均值迪氏指数分解法分析得到的结果是，经济产出规模、人口规模、产业结构，对中国现阶段碳排放具有显著正效应，而能源强度具有显著负效应，能源结构变化则表现为微弱的负效应。邹秀萍等（2009）[37]根据中国1995—2005年30个省域的面板数据分析得出，经济发展水平与地区碳排放呈“倒U”形趋势，能源消耗强度与地区碳排放呈“U”形关系，第二产业产值比重与地区碳排放间呈“N”形曲线关系。朱勤等（2010）[38]使用改进的STIRPAT模型实证分析得出，人口城市化率、居民消费水平和人口规模对中国碳排放量变化的影响较为明显。蒋金荷（2011）[39]利用对数均值迪氏指数分解方法，对中国1995—2007年碳排放相关数据的研究结果表明，经济规模是碳排放量变化的最大影响因素，其次是能源强度，再次是产业结构，而能源结构对碳排放的影响不明显。唐建荣等（2011）[40]运用贝叶斯平均法对中国1995—2009年的面板数据进行实证分析，得出的结论是能源结构、能源强度、经济规模和城市化等因素对碳排放强度的影响效果较强。田立新等（2011）[41]利用广义费雪指数法对中国2000—2008年的人均碳排放变动进行因素分解，分析了经济发展、能源结构和能源效率等因素对碳排放变动的影响。张传平等（2012）[42]使用协整模型和状态空间模型分析得出，人口、城镇化水平均与碳排放存在长期的均衡关系。黄蕊等（2016）[43]基于STIRPAT模型对江苏省能源消费碳排放与人口、富裕程度、技术进步和城镇化水平之间的关系进行了定量分析，并对江苏省未来能源消费碳排放量发展趋势进行了分析。赵选民等（2016）[44]通过构造STIRPAT随机模型研究得出陕西省的经济发展水平、人口、能源强度、城市化水平和能源消费结构均与其碳排放呈正相关关系。

1.2.2　方法论综述

1.2.2.1　非线性格兰杰因果检验方法

格兰杰（Granger，1969）[45]提出了线性格兰杰因果检验的概念和方法，用于研究经济变量之间是否存在因果关系，该方法在经济和金融研究领域得到了广泛应用。贝克和布洛克（Baek & Brock，1992）[46]提出当时间序列存在非线性变化趋势时，仅使用线性因果检验方法考察变量间的因果关系可能会导致研究结果的不准确。他们基于空间概率测度中的关联积分概念，提出了非参数统计方法用于考察变量间的非线性因果关系。希姆斯特拉和琼斯（Hiemstra & Jones，1994）[47]对贝克—布洛克方法进行了改进，放松了其中的独立同分布假定，而允许变量间存在弱相关关系，形成了修正的贝克—布洛克方法，被迪克斯和潘钦科（Diks & Panchenko，2006）[48]称为希姆斯特拉—琼斯检验（H－J 检验）。采用非线性因果检验 H－J 检验方法，布鲁克斯（Brooks，1998）[49]考察股票指数波动与市场交易量的跨期关系，得出的结论是二者之间存在双向因果关系，但从股票指数波动到市场交易量的因果关系要强于从市场交易量到股票指数波动的因果关系；斯瓦比拉等（Silvapulla et al.，1999）[50]分析了西德克萨斯中级原油的现货价格与期货价格之间的关系，分析结果显示二者之间存在双向影响；阿伯汉卡（Abhyankar，1998）[51]研究了指数期货市场与现货市场的关系；辛纳（Ciner，2001）[52]考察了石油价格与股票市场的动态关系，考察结果表明，石油价格波动会影响股票指数收益，并且石油价格与股票市场的非线性因果关系在 20 世纪 90 年代表现得更强；奥库涅夫等（Okunev et al.，2002）[53]研究澳大利亚 1980—1999 年房地产市场与股票市场的关系得出，两者之间存在很强的从股票市场到房地产市场的单向因果关系；刘华军等（2016）[54]对经济增长对中国各省的空间溢出关系做出了识别分析。

迪克斯、潘钦科（Diks & Panchenko，2006）指出，由于 H－J 检验存在过度拒绝问题，即可能会把“不存在非线性格兰杰原因”的变量间关系检验得出的结果为“存在非线性格兰杰原因”，在保持 H－J 检验的各项假定、定义和原假设的基础上，提出非线性格兰杰因果检验迪克斯—潘钦科检验（D－P 检验）。D－P 检验目前在国内外经济与金融研究领域已得到了广泛地应用，通过使用该方法，内恩等（Z Nain et al.，2014）[55]检验印度 1991 年 1 月至 2013 年 8 月期间原油价格变化与股票市场收益之间的关系，得出的结论是二者之间存在双向非线性因果关系；内恩等（M. Z. Nain et al.，2014）[56]对印度 1990—2010 年金融发展与经济增长的关系进行分析，得出的结论是两者之间并不存在因果关系，该结论与几个已有的在格兰杰因果检验框架下得出的结论正好相反；巴亚特等（Bayat et al.，2014）[57]对土耳其 2003 年 1 月至 2014 年 1 月汇率与外汇储备间关系进行了检验，结果是存在从外汇储备到名义汇率和实际汇率的因果影响；拉西米等（Azadeh Rahimi et al.，2016）[58]使用线性格兰杰因果检验和非线性格兰杰因果检验 D－P 检验方法研究美国联邦基金利率和 10 年期政府债券利率的关系，得出二者之间的线性和非线性因果关系是随时间而变化的；涂（Tu，2016）[59]对中国 1961—2010 年二氧化碳排放与经济增长的关系研究显示，存在从 GDP 到二氧化碳排放的长期单向因果影响；杨子晖（2010）[60]对多个发展中国家的二氧化碳排放与经济增长的关系研究发现，中国、南非、印度等国存在二氧化碳排放对经济增长的非线性因果影响；梁经纬等（2013）[61]对中国 1953—2008 年各类能源消费与经济增长关系的研究结果表明，电力、煤炭和总能源消费可以作为经济增长的影响因素；王远林（2014）[62]对中国 1994—2010 年股票市场股利与股价之间关系进行研究，结果是不存在股利对股价的非线性因果影响，而存在股价对股利的非线性影响；欧阳强等（2016）[63]研究了中国收入不平等、碳排放与经济增长间的因果关系。

1.2.2.2　*碳排放影响因素分解方法*

国内外学者研究能源消费或碳排放问题的常用因素分解分析法主要分为两类：一类称为结构分解分析方法（Structure Decomposition Analysis，SDA），另一种称为指数分解分析方法（Index Decomposition Analysis，IDA）。其中，在能源消费和碳排放研究领域应用较多的结构分解分析方法主要是投入产出方法，该方法由列昂惕夫（Leontief，1971）[64]首先提出。林等（Lin et al.，1995）[65]；加尔巴乔等（Garbaccio et al.，1999）[66]采用结构分解分析方法分别对中国的能源消费和能源强度变化进行了研究。莫克豪帕亚等（Mukhopahyay et al.，1999）[67]对印度的能源消费变化进行了结构分解研究。米歇尔等（Michiel et al.，2003）[68]对不同国家的能源消费变化进行了结构分解分析。常等（Chang et al.，1998）[69]使用结构分解分析方法对中国台湾地区工业活动的碳排放变化进行了研究。部分学者分别运用结构分解方法对中国碳排放的变化进行了研究[70-73]。

与结构分解分析方法相比，指数分解分析方法仅需使用各部门加总数据，尤其适合包含时间序列数据且影响因素较少的因素分解分析。而且，指数分解分析方法更易于操作且运用起来更为简单，因此，指数分解分析方法在能源消费和碳排放相关研究领域应用更为广泛。从昂等（Ang et al.，2000）[74]对有关指数分解分析的124篇研究论文的综述情况看，其中有109篇使用了指数分解方法，只有15篇使用结构分解方法，并且所使用的指数分解分析方法中多是采用拉氏指数分解法及其改进方法和迪氏指数分解法及其改进方法。近年来，国内外学者多采用以上两类指数分解的改进方法对能源和碳排放相关问题进行研究。如张（Zhang，2003）[75]利用拉氏指数分解法对影响中国工业部门能源消费量变化的效应进行了分析。徐盈之等（2011）[76]运用改进的拉氏指数分解法对中国制造业碳排放影响因素进行了分析。贺红兵（2012）[77]以拉氏指数分解法为基础，引入Shapley值方法对碳排放影响因素进行了研究。马等（Ma et al.，2008）[78]利用迪氏指数分解法对引起中国能源强度变化的因素进行了分解分析。吴等（Wu，2005）[79]采用对数均值迪氏指数分解法，从供给和需求两方面对中国的碳排量变化进行了分析。吴等（Wu et al.，2006）[80]采用“三层次完全分解”对数均值迪氏指数分解方法对中国碳排放量变化进行了分解分析。从方法运用的数量上，对数均值迪氏指数分解方法在碳排放影响因素分解分析中实际使用得最为广泛。

然而，以上两类指数分解分析方法自身均存在一定缺陷。昂等（Ang et al.，

2004)[86]提出的广义费雪指数法对以上两类指数方法进行了折中，很好地克服了它们存在的缺陷，他并将广义费雪指数法与其他五种常用的指数分解方法（即：Laspeyres 指数、Passche 指数、算术平均 Divisia 指数、对数平均 Divisia 指数法Ⅰ和对数平均 Divisia 指数法Ⅱ）进行了比较，并对这六种方法分别进行了因子互换检验、时间互换检验、比例检验、总量检验、零值稳健检验和负值稳健检验，检验结果表明只有广义费雪指数法在总量检验中未通过，其他五种方法则均有两个或两个以上的检验未通过。综合来看，广义费雪指数法表现出了良好的因素分解特性，是进行因素分解的最佳方法。目前国内已有少数学者应用该方法对能源和碳排放进行因素分解分析[87-89]。

1.2.2.3 灰色关联分析方法

自中国学者邓聚龙于 1982 年创立灰色系统理论[90]以来，灰色系统理论的方法也逐渐被引入中国的能源消费和碳排放研究领域。尹春华等（2003）[91]、樊艳云等（2010）[92]使用灰色关联分析方法分别对中国和北京市的产业结构与能源消费进行关联分析，得出第一产业、第二产业、第三产业及生活用能与能源消费的关联度。张路蓬等（2011）[93]运用灰色关联法构建分析模型，对中国各产业能源消耗与能源消耗总量的关联度进行了实证分析。欧阳强等（2012）[94]采用灰色关联分析法对湖南省 2000—2005 年的碳排放量与经济增长、人口规模、产业结构和城市化水平等影响因素的关联度进行了分析，并运用 GM（1，1）模型对湖南省 2010—2012 年的碳排放量做出了预测。袁玥等（2013）[95]使用灰色关联分析法对天津市碳排放的驱动因素进行识别，得出能源消耗总量、人口指标、经济增长速度和产业结构指标是碳排放的关键因素。曹昶等（2013）[96]分析了 2000—2011 年上海市碳排放与经济增长、人口规模、能源结构、产业结构和能源强度的关联度，并运用基于正弦函数变换的 GM（1，1）模型对上海市 2012—2015 年的碳排放量进行了预测。王等（Wang et al.，2014）[97]使用灰色关联分析方法对北京市碳排放与产业结构、能源强度、城市化水平、经济增长水平和人口规模等相关影响因素进行了关联分析，并采用 GM（1，1）模型对北京市 2014—2016 年的碳排放进行了预测。王永哲等（2016）[98]对吉林省 2000—2012 年能源消费人均碳排放量与能源消费价格、能源消费结构、能源消费强度、经济发展水平、产业结构和城市化水平等因素进行了关联度分析，并预测了 2016—2018 年吉林省的人均碳排放量。

1.2.2.4 碳排放的空间计量研究

空间计量经济学属于计量经济学的一个重要分支，主要研究空间效应的存在问题。在空间计量回归模型方法的理论研究方面，克里福等（Cliff & Ord，1973，1981）[99,100]首先建立空间自回归模型并提出其参数估计和检验方法，对空间计量经济学做出了开拓性的工作。安瑟兰（Anselin，1988）[101]对空间计量经济学做了深入系统的整理和研究探索，他的成果标志着空间计量经济学体系的真正建立。2000年以前，空间计量经济学研究主要是围绕着横截面数据模型开展的；随着面板数据应用的不断广泛以及空间计量估计和检验方法的进一步发展与成熟，到2000年以后，空间计量经济学关注和探索的主要领域和方向转向了空间面板数据模型。在空间计量研究方法发展的过程中，许多学者加入该研究领域并在不同时期对空间计量模型的设定、估计、检验、应用等问题进行了深入探索和研究。文献［102~131］为其中的部分成果。

随着空间计量经济学的不断发展和空间数据获得手段的不断丰富，空间计量模型在国内外已被广泛应用于区域经济学、财政学、国际经济学、发展经济学、经济地理、房地产经济学和环境经济学等领域。如柯律金（Kelejian et al.，1992）[132]采用空间面板模型对人均警力支出在犯罪率降低方面的影响及其溢出效应进行了分析；巴苏等（Basu et al.，1998）[133]使用误差项含空间自回归的模型对美国达拉斯地区的房地产价格影响因素进行了分析；亨利等（Henry et al.，2001）[134]对法国农村地区发展相关问题进行了研究；安瑟兰（Anselin，2001）[135]研究了资源和环境的空间效应问题；卡普尔（Kapoor，2004）[136]分析了美国汽油批发业的空间相关性问题；艾格等（Egger et al.，2005）[137]对美国各州之间的财政竞争进行研究；阿梯斯（Artis，2009）[138]研究了地区商业周期的一般和空间影响因素。国内对空间计量的应用研究较多[139~171]。

此外，在空间异质性研究方面，弗泽英汉姆等（Fortheringham et al.，1997，1997）[172,173]利用局部光滑思想在福斯特等（Foster & Gorr，1986）[174]；戈尔等（Gorr & Olligschlaeger，1994）[175]提出的空间变参数回归模型基础上提出空间变系数回归模型——地理加权回归模型（GWR）。贝特等（Bitter et al.，2007）[176]；卡希尔等（Cahill et al.，2007）[177]分别将GWR模型应用到住房市场研究领域和暴力犯罪研究领域；涂等（Tu et al.，2008）[178]运用地理加权回归模型对美国马萨诸塞州东部地区的土地利用和水质进行了研究；欧卡尔等（Öcal et al.，2010）[179]使用地理加权回归模型分析了土耳其恐怖主义对经济增长影响的区域效果。国内学者吴玉鸣（2006）[180]同时使用空间滞后模型、空间误差模型和地理加权回归模型对中国省域研发与创新进行了计量分析；刘牧鑫等（2009）[181]采用地理加权回归方法研究了外商直接投资以及其他要素对区域经济增长的影响；楚尔鸣等（2011）[182]运用地理加权回归模型实证分析了出口贸易与经济增长的关系；刘华等（2014）[183]使用地理加权回归模型考察了各因素对人口出生性别比影响的区域差异；陈亮等[184]（2015）采用地理加权回归估计方法考察了中国货币政策执行效果方面存在的空间异质性；高晓光（2016）[185]采用地理加权回归方法研究了多种因素对创新效率的影响。

国外利用空间计量学对能源消费和碳排放领域的应用研究较少。国内自2010年以后出现了许多关于空间计量方法在能源消费和碳排放领域的应用研究文献[186~227]。

从总的研究现状看，国内外学者选择不同的分析方法研究碳排放影响因素，关于碳排放影响因素的研究在过去几十年取得了长足进展，然而，对于在碳排放影响因素研究领域的具体方法应用仍然存在进一步研究的空间。

（1）截至目前，将非线性格兰杰因果检验方法应用到碳排放与其影响因素方面的研究很少，且其中多是局限在碳排放与某单个影响因素的关系检验，缺乏理论分析基础，研究的步伐仅停留在根据非线性格兰杰因果检验结果直接得出结论。因此，在非线性格兰杰因果检验方法的应用研究方面，尚缺少在理论分析的基础上对碳排放与其诸影响因素的系统检验研究，以及在检验结果分析的基础上构建具体模型进行深入分析研究。

（2）因素分解分析方法缺乏影响因素分解分析的理论基础，即为什么因素分解分析方法只将目标变量分解成这几种因素进行分解分析。目前虽然已有部分学者应用广义费雪指数方法对中国能源消费和碳排放进行因素分解分析，然而他们进行的分析缺乏影响因素分解分析的理论基础，往往是直接应用，且对中国能源消费和碳排放的广义费雪指数因素分解分析仅局限在昂等（Ang et al.，2004）举出的四因素分析以内。

（3）根据勒沙杰等（Le Sage & Pace，2009）的观点，在选择空间面板数据时应该首先考虑选用空间杜宾面板模型。目前在国内碳排放研究领域已有许多学者采用空间杜宾模型对碳排放影响因素进行空间计量分析。然而，这些学者的研究均是将有关碳排放的具体空间面板模型简单地设定为一次线性形式，而有关碳排放影响因素的具体模型可能存在非线性形式，很少有学者将其具体空间面板模型向非线性形式进行扩展研究。

在中国能源消费碳排放影响因素的研究中，从总体水平的角度，本书拟引入非线性格兰杰因果检验方法，构建一个较为系统的检验框架，并根据检验结果建立具体模型，进一步深入分析各因素的影响效果；从产业层次的角度，拟根据总体水平分析得出中国能源消费碳排放实际影响因素，将昂等提出的广义费雪指数法由四因素分析扩展为五因素分析，同时对其进行产业层次分析方面的扩展，构建因素分解模型以综合考察各因素对中国能源消费碳排放变化的影响；从区域层次的角度，拟以总体水平分析中建立和选择的具体模型为基础，将具体空间面板模型扩展为非线性形式进行估计和溢出效应分析，考察中国省域能源消费碳排放的空间相关性和各因素对碳排放的影响效果。

1.3 研究内容与主要方法

1.3.1 研究内容及结构安排

本书在对中国能源消费及其产生的碳排放进行特征与趋势分析的基础上，分别从总体水平、产业层次和区域层次角度，对中国能源消费人均碳排放影响因素进行研究得出结论并提出相关政策建议。全书共6章。

第1章，绪论。阐明问题的提出与研究意义，综述国内外研究现状，简介本书研究内容与主要研究方法并说明主要创新点。

第2章，中国能源消费及其碳排放特征与趋势分析。分析中国能源消费的特征与变化趋势，采用《2006年IPCC国家温室气体指南》提供的方法测算中国能源消费碳排放量，并对其进行特征和变化趋势分析，然后对中国碳排放水平进行国际比较，最后基于GM（1，1）模型对中国未来的能源消费碳排放量进行预测。

第3章，中国能源消费碳排放影响因素研究。基于改进的STIRPAT模型，首先对碳排放影响因素的作用机理进行分析，然后构建“线性格兰杰因果检验—非线性动态变化趋势检验—非线性格兰杰因果检验”的检验框架，对中国能源消费人均碳排放与影响因素间的具体关系进行逐步的检验，进而通过构建改进的STIRPAT具体模型对各项影响因素进行实证分析，最后采用灰色关联度分析方法对前面的理论分析、实证检验与分析结果进行验证。

第4章，中国能源消费碳排放因素分解分析。根据第3部分的理论作用机理和实证分析结果对约翰恒等式加以扩展，并与广义费雪指数分解方法相结合，建立中国能源消费人均碳排放因素分解模型，从而更为全面细致地分析各影响因素从产业层次的角度对碳排放所产生的影响。最后采用灰色关联度分析对扩展后的广义费雪指数分解分析结果进行验证。

第5章，中国能源消费碳排放省域间影响研究。首先基于面板数据展开关于中国省域能源消费碳排放的空间回归研究，在改进的具体STIRPAT模型的基础上，对中国省域能源消费碳排放空间面板数据模型进行基本设定，并根据各类检验结果选择具体模型进行估计和溢出效应分析。然后通过地理加权回归模型分析，进行中国省域能源消费碳排放的空间异质性研究。

第6章，结论与政策建议。根据本书前文的研究分析总结出主要结论，并从能源价格机制、能源消费结构、产业结构、技术进步、提高环保意识和规划城镇布局方面提出政策建议。

1.3.2 研究方法

本书在对国内外众多学者研究成果进行梳理和总结的基础上，综合运用环境经济学、能源经济学、宏观经济学和区域经济学等理论与各种统计研究方法，对中国能源消费碳排放影响因素进行了深入分析和较为系统全面的研究。采用的方法包括七个方面。

(1) 描述性统计方法。首先利用描述性统计方法对中国能源消费总量、能源消费结构、能源消费强度和弹性系数的变化趋势与特征进行分析，然后在对碳排放的相关概念进行界定的基础上，对中国能源消费碳排放总量、人均碳排放量和碳排放强度的变化进行描述性统计分析，从而明确目前中国能源消费碳排放的现状。

(2) 比较分析法。通过对“G8 +5”国家相关碳排放指标的历史动态对比和横向对比分析，梳理和总结目前中国碳排放面临的形势。

(3) 统计检验和回归分析。引入非线性格兰杰因果检验方法，构建“线性格兰杰因果检验—非线性动态变化趋势检验—非线性格兰杰因果检验”的检验框架，并在实证检验的基础上，建立经典线性模型、二次项模型和三次项模型进行估计、比较和选择，从而对中国能源消费人均碳排放各影响因素的影响效果进行实证检验与分析。

(4) 因素分解方法。对约翰恒等式进行所涵盖的影响因素数量和产业层次分析方面的扩展，与广义费雪指数方法相结合，建立中国能源消费人均碳排放因素分解模型进行碳排放影响因素产业层次方面的分析。

(5) 灰色系统方法。运用邓氏灰色关联度方法进行实证分析，分别对中国能源消费人均碳排放二次项具体 STIRPAT 模型和广义费雪指数因素分解模型的实证分析结果进行验证。基于 GM (1, 1) 模型对未来中国能源消费人均碳排放量和碳排放强度进行预测，以明确中国在实现碳减排和低碳经济发展过程中应重点考虑和分析的指标变量。

(6) 空间计量分析方法。以二次项具体 STIRPAT 模型为基础，设定中国省域能源消费碳排放的具体空间面板数据模型进行实证分析，以考察中国省域能源消费人均碳排放的空间相关性和各因素对人均碳排放的影响效果。同时，运用地理加权回归模型实证考察中国省域能源消费碳排放的空间异质性。

1.3.3 技术路线图

技术路线参见图 1.1。

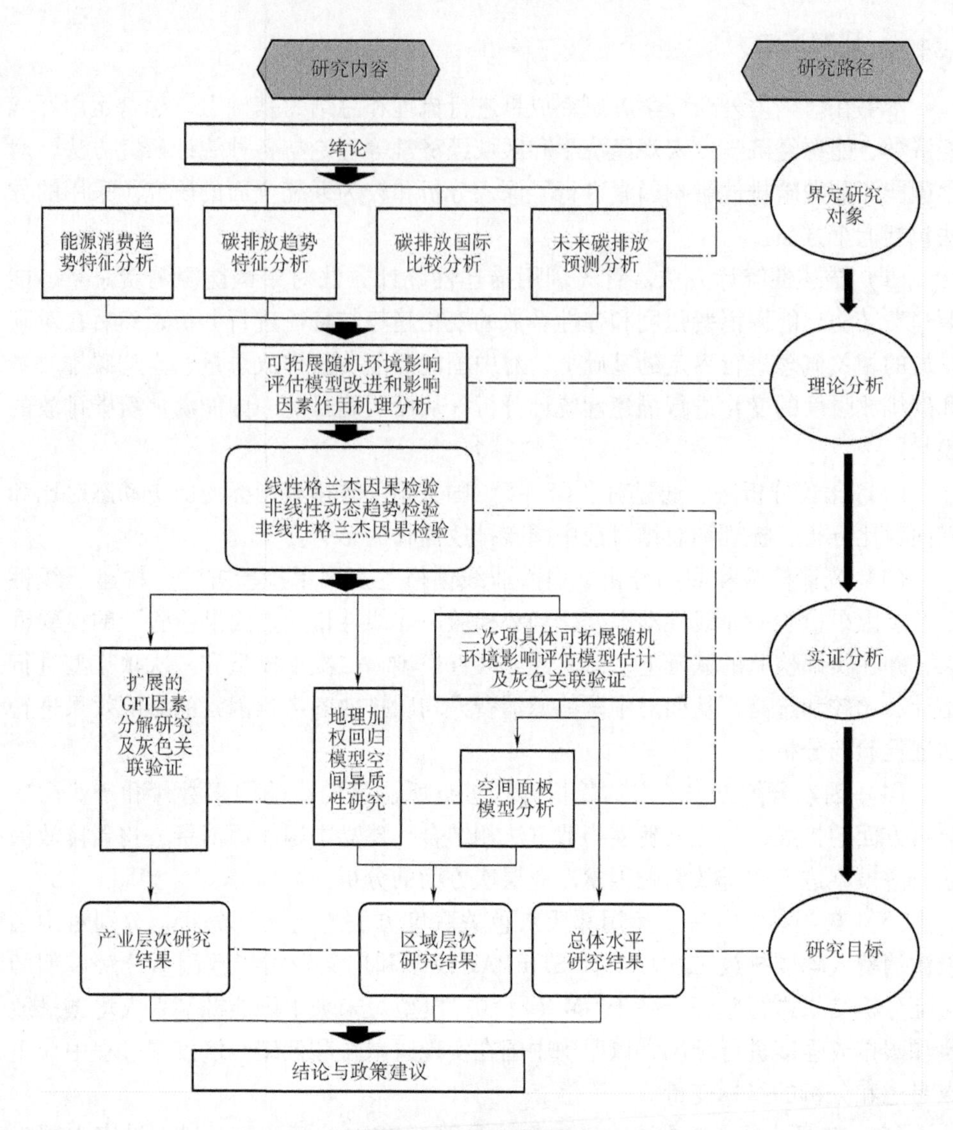

图 1.1 技术路线图

1.4 主要创新点

本研究的创新点有四点。

（1）研究架构创新。本书在碳排放影响因素理论研究和实证检验的基础上，分别从总体水平、产业层次、区域层次的角度构建具体模型，对中国能源消费人均碳排放影响因素进行研究得出结论并提出政策建议。

（2）引入非线性格兰杰因果检验方法，并建立中国能源消费人均碳排放影响因素分析的二次项具体 STIRPAT 模型。本书在理论分析的基础上，使用目前在国内研究，尤其是能源和碳排放研究领域，应用较少的非线性格兰杰因果检验中的 D－P 检验，构建“线性格兰杰因果检验—非线性动态变化趋势检验—非线性格兰杰因果检验”的检验框架，对中国能源消费人均碳排放与相关影响因素间的具体关系进行检验。根据检验结果和判定结论，建立经典线性模型、二次项模型和三次项模型进行估计与比较，得出只有二次项模型与实际情况基本相符，能够反映出各相关因素对中国能源消费人均碳排放产生影响的基本实情。

（3）广义费雪指数模型扩展。人口城市化是碳排放影响因素的观点虽然尚未应用于广义费雪指数分析，但已经得到众多专家学者的认可，本研究基于总体水平视角对排放影响因素进行统计分析和实证检验，并在此基础上对约翰恒等式所涵盖的影响因素做了进一步的论证，将昂等提出的广义费雪指数法由四因素分析扩展为五因素分析，即在开展广义费雪指数分析时将人口城市化作为一个重要方面进行重点分析。同时，在产业层次分析方面将约翰恒等式进行深入扩展，结合广义费雪指数方法，构建中国能源消费人均碳排放因素分解模型。并将产业能源消费结构、产业能源消费强度、产业结构、经济发展和人口城市化五因素对中国能源消费人均碳排放变化的影响进行了定量分析。

（4）在能源消费碳排放研究领域将具体空间面板模型向非线性形式进行扩展应用研究。根据中国能源消费人均碳排放影响因素总体水平角度的实证检验和统计分析结论，以二次项具体 STIRPAT 模型为基础设定中国省域能源消费碳排放的具体空间面板数据模型，根据各类检验结果进行空间杜宾面板数据模型估计和空间溢出效应分析，考察中国省域能源消费人均碳排放的空间相关性和各因素对人均碳排放的影响效果。

2 中国能源消费及其碳排放特征与趋势分析

2.1 中国能源消费特征分析

能源是国民经济和社会发展的基础，是人类社会赖以生存和发展的重要物质保障，发展离不开能源。可持续发展的核心是经济发展，并且要求与保护资源和保护生态环境协调一致。这就要求在保持经济有适当速度增长的前提下，实现能源资源的综合持续利用，为我们的后代留下满足其可持续利用能源的发展空间。即：人们在从事生产和社会活动中，必须约束自己的行为，遵从生态规律，保证能源消耗合理适度，要求在生产和消费过程中，用尽可能少的能源，创造相同的财富甚至更多的财富，最大限度地充分利用回收各种废弃物。实行节能减排、低碳、绿色、环保的能源消耗方式，以实现社会持久而健康的发展。

可持续发展，就其经济观而言，主张发展的持续性，关键是经济和社会的发展都不能超越资源与环境的承受能力；就其自然观而言，主张人类与自然的和谐性，确保人类和自然构成的复杂系统始终具备持续发展的功能；就能源利用而言，主张能源行业的经济发展与整个自然环境的生态保护相互协调，并向社会提供洁净能源，充分挖掘太阳能、生物质能、风能以及水能等可再生能源的利用潜力，实现多能互补的效果。在运用市场机制，依靠技术进步，合理开发利用能源的基础上，使生态环境得到改善，能源利用效率显著提高，并调控能源的最适消耗强度，使能源产业的发展既满足当代人的需求又不对后代人的需求构成威胁，保证人类经济、社会和生态环境的可持续发展，从而推动整个社会走上生产发展、生态良好的和谐发展道路。

能源作为重要的环境资源，是中国可持续发展战略的重要领域。要实现能源的可持续发展，必须大力发展新能源，促进能源结构多元化。世界两次能源危机给我们的重要启示是：适时进行能源替代，采取能源多元化战略是稳定能源供求、保证能源正常消耗的关键性因素。因此，合理有效地开发利用新能源是可持续发展的关键。

2.1.1 中国能源消费结构特征与趋势分析

2.1.1.1 中国能源消费总量

改革开放以来，中国经济高速发展，人民生活水平不断提高，1979—2012

年，经济年均增速达到 9.8%，而世界同期年均增速仅为 2.8%；经济总量所占世界份额在 1978 年为 1.8%，而到 2012 年提高到 11.5%；人均总收入 1978 年只有 190 美元，到 2012 年达到 5 680 美元。根据世界银行的划分标准，中国收入水平已经达到中上等收入国家水平（经济参考网，2013）。然而，中国经济的高速发展是以巨大的资源投入和能源消耗为代价的，同时也带来了一系列环境问题。

1994—2013 年，中国能源消费总量呈持续上升态势，截至 2013 年，中国能源消费总量达 416 913 万吨标准煤，是 1994 年的 3.40 倍，其年均增长率为 6.79%。其中，1996—1999 年能源消费总量有所降低，其增长率均为负；2002—2006 年以及 2012—2013 年中国能源消费量增长较快，增长率每年均在 10% 以上，最高年份 2004 年达到 16% 以上（见表 2.1 和图 2.1）。

表 2.1 1994—2013 年中国能源消费总量和能源消费增速

年份	能源消费总量（万吨标准煤）	能源消费增速（%）	年份	能源消费总量（万吨标准煤）	能源消费增速（%）
1994	122 737	—	2004	203 227	16.16
1995	131 176	6.88	2005	224 682	10.56
1996	138 948	5.93	2006	258 676	15.13
1997	137 799	-0.83	2007	280 508	8.44
1998	132 214	-4.05	2008	291 448	3.90
1999	130 119	-1.58	2009	306 647	5.21
2000	138 553	6.48	2010	324 939	5.97
2001	143 199	3.35	2011	348 002	7.10
2002	151 797	6.00	2012	361 732	3.95
2003	174 952	15.25	2013	416 913	15.25

数据来源：1995—2014 年《中国能源统计年鉴》。

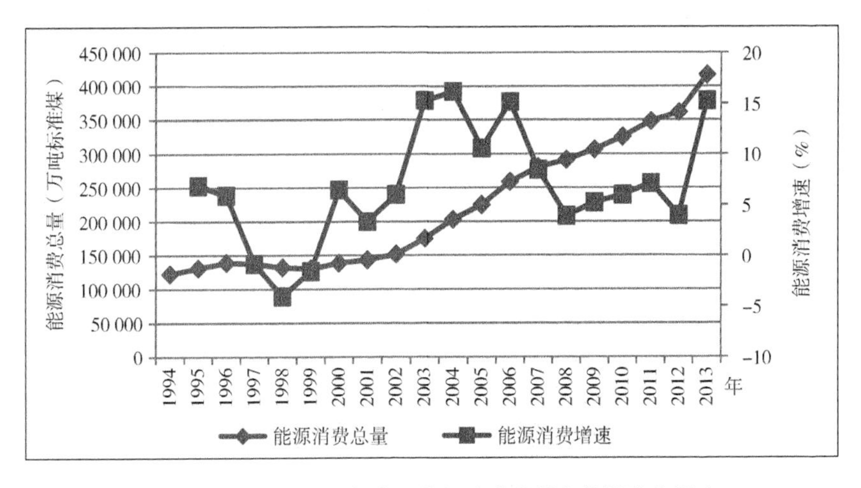

图 2.1 1994—2013 年中国能源消费总量和能源消费增速

2.1.1.2 中国能源消费结构分析

从中国能源消费的产业结构看（见表2.2、表2.3和图2.2），第二产业能源消费始终占据主导地位，在中国能源消费总量中所占比重历年均在70%以上，且波动幅度较小；第三产业能源消费所占比重呈逐年稳步上升趋势，并逐步占据第二的位置，到2013年占比达到15.63%；居民生活能源消费占比在整个期间呈逐步微弱下降趋势，截至2013年仍在10%以上；第一产业在能源消费总量中所占比重下降较为明显，从1994年的4.16%下降为2013年的1.93%。在占据能源消费主导地位的第二产业中，最大的能源消费行业是工业，在1994—2013年期间，中国工业能源消费量从1994年的87 853万吨标准煤增长为2013年的291 130万吨标准煤，其在中国能源消费总量中所占比重变化趋势与第二产业占比变化趋势基本趋同，始终围绕在70%左右波动。可见，工业是中国能源消费的主体，也是第二产业中最大的能源消费行业。因此，提高工业能源利用效率对实现能源消费强度下降目标至关重要。中国的工业能源消费占比历年来变化不大，没有明显的下降，说明工业能源利用效率并未得到显著提高，有进一步的能效提高和节能潜力。

表2.2 1994—2013年中国各产业和工业能源消费量 万吨标准煤

年份	能源消费总量	第一产业	第二产业	第三产业	居民生活消费	工业
1994	122 737	5 105	89 203	13 016	15 414	87 853
1995	131 176	5 505	97 526	12 400	15 745	9 6191
1996	138 948	5 718	101 771	13 746	17 714	100 322
1997	137 799	5 905	100 885	14 640	16 368	99 706
1998	132 214	5 790	96 021	16 010	14 393	94 409
1999	130 119	5 832	92 179	17 556	14 552	90 797
2000	138 553	6 045	97 585	18 957	15 965	95 443
2001	143 199	6 400	100 507	19 724	16 568	98 273
2002	151 797	6 612	106 632	21 025	17 527	104 088
2003	174 952	6 716	124 591	23 817	19 827	121 732
2004	203 227	7 680	146 503	27 763	21 281	143 244
2005	224 682	7 918	162 903	3 035	23 450	159 492
2006	258 676	6 331	188 706	35 874	27 765	184 946
2007	280 508	6 228	204 659	38 807	30 814	200 531
2008	291 448	6 013	213 115	40 422	31 898	209 302
2009	306 647	6 251	223 759	42 794	33 843	219 197
2010	324 939	6 477	237 328	46 576	34 558	232 019
2011	348 002	6 758	252 313	51 520	37 410	246 441
2012	361 732	6 784	258 630	56 651	39 666	252 463
2013	416 913	8 055	298 147	65 180	45 531	291 130

数据来源：1995—2014年《中国能源统计年鉴》。

表 2.3　1994—2013 年中国各产业和工业能源消费占比（%）

年份	第一产业	第二产业	第三产业	居民生活消费	工业
1994	4.16	72.68	10.60	12.56	71.58
1995	4.20	74.35	9.45	12.00	73.33
1996	4.11	73.24	9.89	12.75	72.20
1997	4.29	73.21	10.62	11.88	72.36
1998	4.38	72.63	12.11	10.89	71.41
1999	4.48	70.84	13.49	11.18	69.78
2000	4.36	70.43	13.68	11.52	68.89
2001	4.47	70.19	13.77	11.57	68.63
2002	4.36	70.25	13.85	11.55	68.57
2003	3.84	71.21	13.61	11.33	69.58
2004	3.78	72.09	13.66	10.47	70.48
2005	3.52	72.50	13.51	10.44	70.99
2006	2.45	72.95	13.87	10.73	71.50
2007	2.22	72.96	13.83	10.99	71.49
2008	2.06	73.12	13.87	10.94	71.81
2009	2.04	72.97	13.96	11.04	71.48
2010	1.99	73.04	14.33	10.64	71.40
2011	1.94	72.50	14.80	10.75	70.82
2012	1.88	71.50	15.66	10.97	69.79
2013	1.93	71.51	15.63	10.92	69.83

数据来源：根据表 2.1 和表 2.2 计算而得。

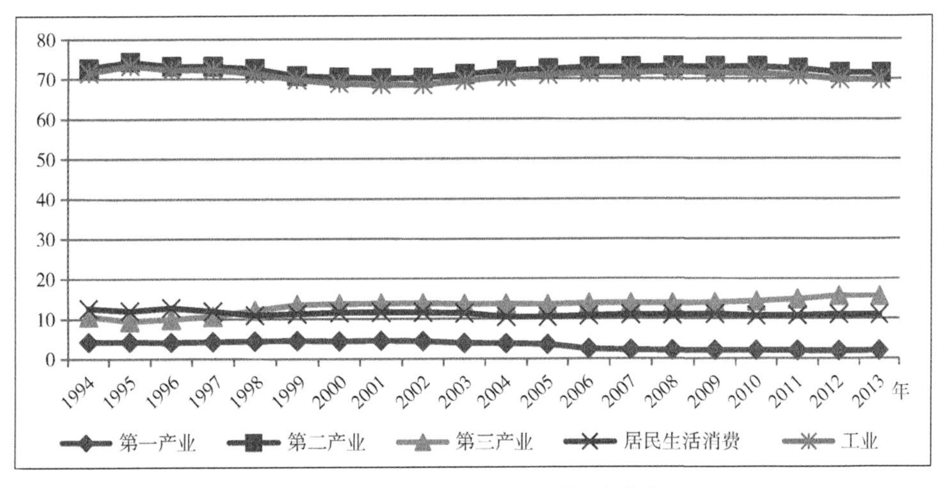

图 2.2　1994—2013 年中国各产业能源消费占比（%）

从1994—2013年中国的能源消费种类结构变化看，在各类主要的不可再生化石能源及其衍生物中（见表2.4、表2.5和图2.3），煤炭消费在能源消费总量中始终占据着主导地位，消费量从91 811万吨标准煤增长到303 167万吨标煤，在能源消耗总量中所占比重从66.39%降至62.19%，占比降幅不大，年均下降仅为0.22%；始终占据能源消费量第二位的原油消费量从20 036万吨标准煤增长至69 504万吨标准煤，在总能源消费中占比一直处在14%～19%；焦炭消费量从8 834万吨标准煤增至44 541万吨标准煤，消费占比从6.39%增长至9.14%；柴油消费量从5 541万吨标准煤升至24 990万吨标准煤，历年消费占比均处于4%～6.5%；燃料油消费量从5 136万吨标准煤增至5 649万吨标准煤，增幅不大，其消费占比从3.71%下降为1.16%；汽油消费量从3 968万吨标准煤升至13 782万吨标准煤，消费占比较为稳定，始终维持在2.7%～3.3%，变化不大；煤油消费量从666万吨标准煤上升为3 184万吨标准煤，消费占比较小，始终未超过0.8%；天然气消费量从2 306万吨标准煤增长至22 677万吨标准煤，消费占比从1.67%升至4.65%，年均增长仅约为0.16%，其增幅并不明显。从1994—2013年，中国高污染和具有高碳排放系数的能源消费绝对量逐年增长，其在能源消费总量中始终占据着主导地位，煤炭和焦炭消费占比总和均在65%以上，最高达到近75%（见图2.4）；而作为清洁能源的天然气消费占比增长缓慢，截至2013年尚未达到5%。由此可见，中国的能源消费种类结构并未得到有效的优化，仍会持续带来一系列环境问题。

表2.4 1994—2013年中国各类主要能源消费量 万吨标准煤

年份	煤炭	焦炭	原油	汽油	煤油	柴油	燃料油	天然气
1994	91 811	8 834	20 036	3 968	666	5 541	5 136	2 306
1995	98 342	10 419	21 267	4 281	754	6 297	5 277	2 360
1996	103 384	10 489	22 665	4 683	817	6 836	5 093	2 459
1997	99 465	10 614	24 811	4 873	1 003	7 710	5 498	2 599
1998	92 496	10 761	24 851	4 898	988	7 697	5 470	2 694
1999	90 263	10 158	27 071	4 974	1 213	9 080	5 620	2 859
2000	94 288	10 141	30 332	5 157	1 280	9 871	5 533	3 259
2001	96 431	10 685	30 490	5 294	1 310	10 357	5 500	3 648
2002	101 145	11 991	32 202	5 517	1 353	11 172	5 534	3 881
2003	120 882	14 089	35 604	5 992	1 356	12 254	6 029	4 510
2004	138 286	16 773	41 071	6 909	1 561	14 418	6 834	5 276
2005	154 805	22 931	42 981	7 141	1 584	15 988	6 060	6 219
2006	182 193	27 095	46 065	7 714	1 655	17 090	6 241	7 467

续表

年份	煤炭	焦炭	原油	汽油	煤油	柴油	燃料油	天然气
2007	194 822	28 334	48 618	8 121	1 830	18 203	5 939	9 380
2008	200 787	29 045	50 713	9 043	1 904	19 736	4 625	10 812
2009	211 314	30 939	54 471	9 082	2 118	19 746	4 040	11 906
2010	223 031	32 724	61 251	10 132	2 566	21 418	5 369	14 223
2011	244 969	37 072	62 810	10 882	2 673	22 782	5 233	17 360
2012	251 896	38 247	66 686	11 979	2 879	24 721	5 262	19 458
2013	303 167	44 541	69 504	13 782	3 184	24 990	5 649	22 677

数据来源：1995—2014 年《中国能源统计年鉴》。

注：表中数据均为各类能源消费量按照《中国能源统计年鉴》提供的标准煤系数计算而得。

表 2.5　1994—2013 年中国各类主要能源消费占比（%）

年份	煤炭	焦炭	原油	汽油	煤油	柴油	燃料油	天然气
1994	66.39	6.39	14.49	2.87	0.48	4.01	3.71	1.67
1995	66.00	6.99	14.27	2.87	0.51	4.23	3.54	1.58
1996	66.09	6.71	14.49	2.99	0.52	4.37	3.26	1.57
1997	63.53	6.78	15.85	3.11	0.64	4.92	3.51	1.66
1998	61.72	7.18	16.58	3.27	0.66	5.14	3.65	1.80
1999	59.68	6.72	17.90	3.29	0.80	6.00	3.72	1.89
2000	58.98	6.34	18.97	3.23	0.80	6.17	3.46	2.04
2001	58.90	6.53	18.62	3.23	0.80	6.33	3.36	2.23
2002	58.53	6.94	18.64	3.19	0.78	6.47	3.20	2.25
2003	60.23	7.02	17.74	2.99	0.68	6.11	3.00	2.25
2004	59.83	7.26	17.77	2.99	0.68	6.24	2.96	2.28
2005	60.07	8.90	16.68	2.77	0.61	6.20	2.35	2.41
2006	64.97	9.66	16.43	2.75	0.59	5.78	2.23	2.66
2007	65.20	9.48	16.27	2.72	0.61	5.77	1.99	3.14
2008	65.08	9.41	16.44	2.93	0.62	6.04	1.50	3.50
2009	64.92	9.50	16.73	2.79	0.65	5.75	1.24	3.66
2010	63.53	9.32	17.45	2.89	0.73	5.78	1.53	4.05
2011	63.99	9.68	16.41	2.84	0.70	5.64	1.37	4.53
2012	63.23	9.60	16.74	3.01	0.72	5.87	1.32	4.88
2013	62.19	9.14	14.26	2.83	0.65	5.13	1.16	4.65

数据来源：根据表 2.4 计算而得。

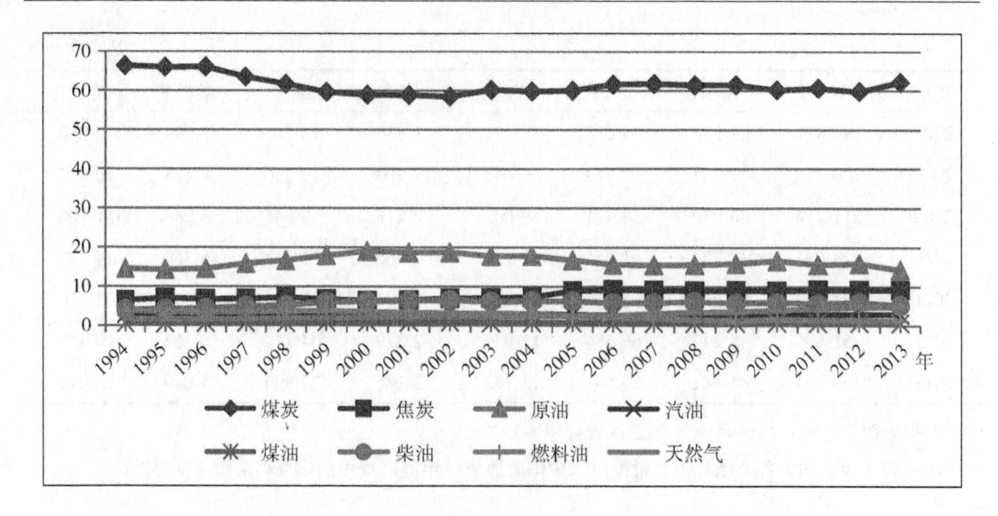

图 2.3 1994—2013 年中国各类主要能源消费占比（%）

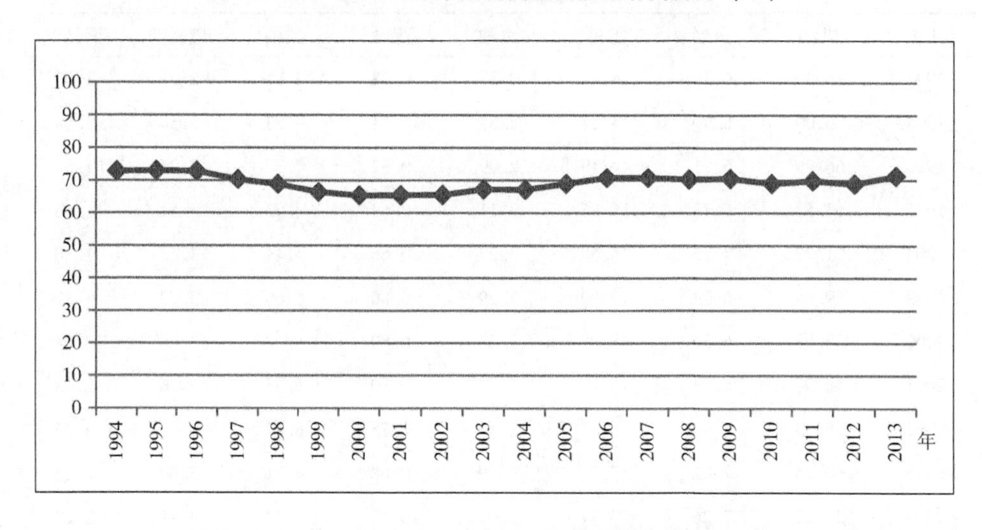

图 2.4 1994—2013 年中国煤炭和焦炭消费占比总和（%）

2.1.2 中国能源消费强度分析

能源消费强度是指在一定时期内一个经济体（国家或地区）生产单位产值的能源消费水平，通常量化为能源消费量与国内生产总值（GDP）的比率。它直接反映了该经济体的经济发展对能源的依赖程度，并且间接地反映出其整体技术水平、产业结构状况、能源消费结构及利用效率、各项节能政策措施实施效果等方面内容，是评价该经济体经济增长整体质量及其对环境影响大小的重要指标。能源消费强度与能源利用效率互为倒数关系，能源消费强度越高，则能源利用效率越低，即单位能源消费对经济增长的贡献率越低，通常对环境的负面影响则越大；反之，能源消费强度越低，则能源利用效率越高，对环境的负面影响越小。能源消费强度已经成为反映一个国家或地区经济发展水平的重要指标之一。

中国能源消费强度（亿元 GDP 能耗）在 1994—2013 年基本呈稳步下降态势（见表 2.6 和图 2.5），按 1994 年不变价格计算，从 1994 年每亿元 2.55 万吨标准煤下降为 2013 年的每亿元 1.50 万吨标准煤，下降了 41.05%，年均下降率为 2.63%，除个别年份的能源消费强度相比上一年有所上升外，其余年份均为下降。这反映出中国在这 20 年的经济发展过程中，能源利用效率有了一定水平的提高，从这个角度来说，在一定程度上减轻了对环境的压力。

表 2.6　1994—2013 年中国亿元 GDP 能耗及其下降率（按 1994 年不变价格计算）

年份	亿元 GDP 能耗（万吨标准煤）	亿元 GDP 能耗下降率（%）
1994	2.55	—
1995	2.45	3.65
1996	2.36	3.71
1997	2.14	9.26
1998	1.91	11.02
1999	1.74	8.55
2000	1.71	1.80
2001	1.63	4.57
2002	1.59	2.82
2003	1.66	-4.75
2004	1.76	-5.52
2005	1.74	0.68
2006	1.78	-2.18
2007	1.69	5.01
2008	1.60	5.23
2009	1.55	3.66
2010	1.48	4.06
2011	1.45	2.01
2012	1.40	3.44
2013	1.50	-7.01

数据来源：1995—2014 年《中国能源统计年鉴》和《中国统计年鉴》。

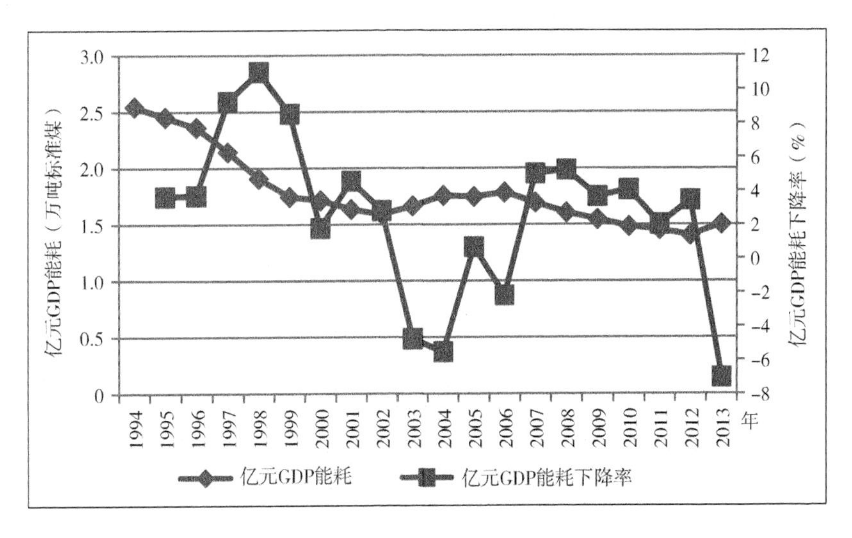

图 2.5　1994—2013 年中国亿元 GDP 能耗及其下降率（按 1994 年不变价格计算）

从1994年至2013年中国的产业结构变化看（表2.7和图2.6），具有低附加值和高能耗特征的第二产业产值始终占据主导地位，其所占GDP比重从1994年的46.6%上升至2013年的55.7%，而具有低能耗特征的第一产业所占GDP比重从19.9%下降至7.4%，第三产业比重从33.6%增加至37.4%。可见，从能源利用效率的角度来说，中国的产业结构并未得到改善，即并非是产业结构状况的改变导致能源消费强度的下降。同时，根据2.1.1.2节的分析，中国能源消费结构并未得到有效优化，其变化应该也没有对能源消费强度的降低产生有效的积极推动作用。因此，中国20年来能源消费强度的下降可能是由于技术水平的提高或各项节能政策措施的有效实施所带来的。中国的多数地区目前正处于工业化、城镇化加快发展的重要阶段，如果要在经济快速发展的同时进一步提高能源利用效率、降低能源消费强度，需要继续不断探索，可以考虑在产业结构和能源消费结构的调整与优化等方面进行努力。

表2.7 1994—2013年中国产业结构（%）

年份	第一产业比重	第二产业比重	第三产业比重	年份	第一产业比重	第二产业比重	第三产业比重
1994	19.9	46.6	33.6	2004	11.9	52.6	35.5
1995	18.8	47.8	33.2	2005	11.2	52.9	35.8
1996	18.0	48.7	33.1	2006	10.5	53.3	36.3
1997	17.0	49.2	33.5	2007	9.5	53.7	36.8
1998	16.3	49.7	33.7	2008	9.1	53.8	37.1
1999	15.6	50.0	34.2	2009	8.7	54.2	37.2
2000	14.7	50.4	34.6	2010	8.2	55.0	37.0
2001	14.0	50.5	35.2	2011	7.8	55.5	37.0
2002	13.2	50.8	35.7	2012	7.6	55.7	37.2
2003	12.3	52.1	35.5	2013	7.4	55.7	37.4

数据来源：2014年《中国统计年鉴》。

注：本表中各产业比重数据按照1994年不变价格与国内生产总值及各产业产值指数（上年=100）计算而得。

2.1.3 中国能源消费弹性系数分析

能源消费弹性系数是指一定时期内一个国家或地区能源消费增长速度与国民经济增长速度之比。国民经济增长速度通常采用GDP增长速度。它反映能源消费和经济增长之间的相互关系，通常采用二者年平均增长率之比表示，其计算公式为：

能源消费弹性系数=能源消费总量年平均增长率/GDP年平均增长率

计算与分析能源消费弹性系数，主要是为了更好地研究一个国家或地区的能

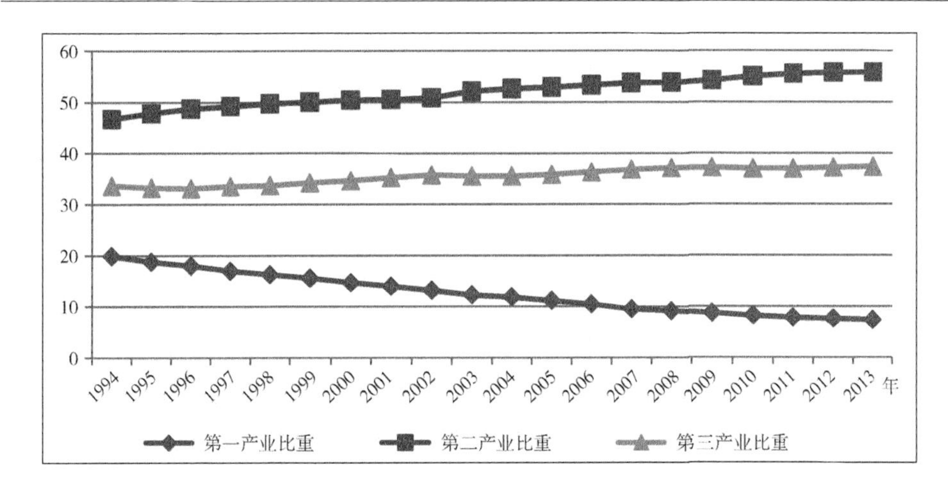

图 2.6 1994—2013 年中国产业结构趋势（%）

源消费与国民经济发展的关系，同时能够在一定程度上预测二者未来的增长速度。如果整个国民经济中高能耗产业或部门所占比重大，科技水平较低，则能源消费增长速度快于 GDP 增长速度，能源消费弹性系数大于 1。在一个国家或地区的经济发展过程中，随着科技水平的不断进步，国民经济与产业结构不断得到改善和优化，能源利用效率逐步提高，能源消费弹性系数会逐渐下降。

从 1994 年到 2013 年，中国历年的能源消费弹性系数波动较为剧烈（见表 2.8 和图 2.7），能源消费弹性系数有 3 年小于 0（1997—1999 年），有 4 年大于 1（2003 年、2004 年、2006 年和 2013 年），其余年份均大于 0 小于 1。近 20 年中国能源消费弹性系数年平均为 0.68，表示 GDP 年平均每增长 1 个百分点，能源消费年平均需要相应增长 0.68 个百分点。而这一水平相比于发达国家来说，尚存在一定差距。1981—2002 年，美国的能源消费弹性系数年平均为 0.25，英国为 0.29，加拿大为 0.33，法国为 0.34（中国经济网，2005）。这说明中国的能源利用效率尚存在提高的空间。

表 2.8 1995—2013 年中国能源消费弹性系数

年份	能源消费弹性系数	年份	能源消费弹性系数	年份	能源消费弹性系数	年份	能源消费弹性系数
1994	—	1999	-0.21	2004	1.60	2009	0.57
1995	0.63	2000	0.77	2005	0.93	2010	0.57
1996	0.59	2001	0.40	2006	1.19	2011	0.76
1997	-0.09	2002	0.66	2007	0.60	2012	0.52
1998	-0.52	2003	1.52	2008	0.40	2013	1.98

数据来源：1995—2014 年《中国能源统计年鉴》和《中国统计年鉴》。

注：GDP 增长率按 1994 年不变价格的实际 GDP 增长率计算。

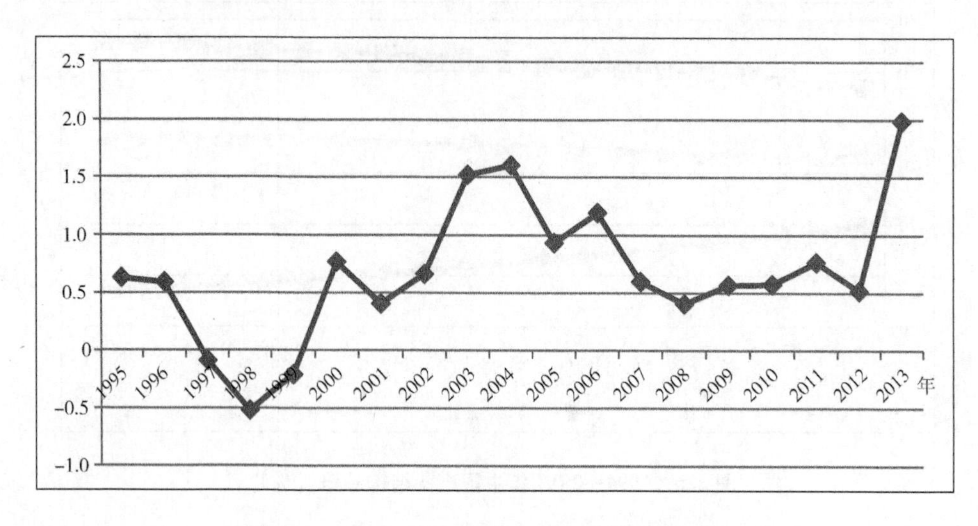

图 2.7　1995—2013 年中国能源消费弹性系数

2.2　中国能源消费碳排放测算与分析

2.2.1　碳排放的相关概念

2.2.1.1　碳排放的概念

对于人类来说，碳是一种很常见的非金属元素，通常以多种形式广泛地存在于地壳、大气和各类生物体之中。碳元素存在于生物体内的绝大多数分子之中，可以说，有了碳，才有生命。碳是构成生命世界必不可少的元素之一。碳是以化合物的形式而存在的，二氧化碳是其主要的存在形式之一。根据 1997 年通过的《京都议定书》中附件 A 所强调的内容，二氧化碳、甲烷、氧化亚氮、氢氟碳化物、全氟化碳和六氟化硫六种主要温室气体被认为是造成全球气候变暖的重要原因，其中二氧化碳所占比重最高，达 60%。空气中的二氧化碳主要是通过自然活动和人类活动两种方式排放出来的：自然活动方式是通过碳元素在自然界中的流动循环，植物在光合作用下从环境中吸收二氧化碳来储存生物质能，一些生物质能通过动物的捕食而转移，动物在新陈代谢过程中再将二氧化碳呼出；人类活动方式是人类在生产和生活过程中对一些含碳物质的消费和使用，尤其是工业化以来对诸如煤、石油、天然气等化石能源的大量消费与使用。正是人类长期的生产和生活活动导致以二氧化碳为主的温室气体的过量排放，从而带来了全球气候变暖问题。由于二氧化碳本身不易通过化学作用消除，因此最为可行的方法就是尽可能地控制二氧化碳排放量从而缓解全球气候变暖。

碳排放是指温室气体（以二氧化碳为主）的排放，其排放的主体既可以是某个生物体或者某个群体，也可以是某类或某些物质的被消费和使用过程。碳排放根据其来源不同可以划分为两类：可再生碳排放和不可再生碳排放。其中，可再生碳排放既包括各种生物体正常的新陈代谢活动所产生的碳排放，也包括消费和使用可再生能源所产生的碳排放，这种碳排放属于正常的碳循环，它使大气中的温室气体所占比例总是处于平衡状态；不可再生碳排放则是指诸如化石能源及其衍生物等不可再生能源的消费和使用过程中所产生的碳排放，它使得那些已经脱离正常碳循环过程而长期以来一直埋存于地下的碳元素重新释放出来，在短期内迅速破坏原有的碳循环平衡状态，导致温室气体在大气中所占比例急剧增加，产生“温室效应”，对环境造成恶劣影响。不可再生碳排放主要是由于人类的生产和生活活动而产生的，这些人类活动本身是可以控制的，因而不可再生碳排放也是可以控制的，因此学者们在研究碳排放时往往把重点放在对不可再生碳排放上。

在对碳排放进行分析时还应注意一点，就是碳排放与二氧化碳排放的区别。其实二者具有相同的本质，然而在具体数量上存在着较大差别，二氧化碳的分子量是44，碳的分子量是12，因此碳排放量数据乘以系数（44/12）就可以得到二氧化碳排放量数据。在本书中除直接引用其他机构的碳排放数据外，作者计算的主要是碳排放及其相关数据，即没有乘以系数（44/12）的碳排放量数据。另外，由于人类活动产生的不可再生碳排放是可以控制的，本书主要集中在不可再生碳排放部分，且主要研究和使用由不可再生化石能源及其衍生物的消费而产生的碳排放量及其相关数据。在本书后面，除做特别说明外，所述及的碳排放或能源消费碳排放，均是指由不可再生化石能源及其衍生物消费而产生的碳排放。

2.2.1.2 碳排放量的测算方法

目前，国际上采用的碳排放核算标准主要包括两种类型：一种核算体系属于自下而上型的，是自社会大众转向政府的核算体系，主要以企业的项目和产品为基础进行核算，更侧重于考察对具体企业或产品的碳核算，具有代表性的有国际标准化组织发布的ISO14064标准《温室气体核证》、世界可持续发展工商理事会和世界资源研究所联合发布的《温室气体核算体系：企业核算与报告标准》等，然而这种核算体系不但难以涵盖社会生产和生活的所有方面，而且也无法囊括所有企业和产品的碳排放核算信息，因此，对于地区或国家碳排放核算而言，其具有很大的局限性；另一种属于自上而下型的碳排放核算体系，其中以1988年建立的联合国政府间气候变化专门委员会（IPCC）编写并经过多次修订的《2006年IPCC国家温室气体清单指南》（以下简称《IPCC指南》）为主要代表，在《IPCC指南》中提供了一些关于估算温室气体源排放和汇清除清单的方法，可以很好地用于温室气体排放量的计算，称为IPCC清单法。IPCC清单法作为较为合理的测算碳排放量方法已经在国际上得到公认，具有权威性和普遍适用性，是当前世界上有关碳排放量常用的测算方法之一。

本书借鉴《IPCC指南》第二卷第六章中所提供的燃料燃烧二氧化碳计算方法，同时结合中国及其各省域能源数据的特点和可获得性，采用公式（2-1）计算碳排放量：

$$C = \sum_{i=1}^{n} C_i = \sum_{i=1}^{n} E_i \cdot \frac{C_i}{E_i} = \sum_{i=1}^{n} E_i \cdot F_i \quad (2-1)$$

其中，C表示碳排放总量，C_i表示能源i的碳排放量，E_i表示能源i的消费量，F_i表示能源i的碳排放强度，即碳排放系数，可以看作是一个常数。

能源消费种类可以根据《中国能源统计年鉴》提供的分行业主要能源品种消费总量中各种主要的不可再生化石能源及其衍生物品种进行划分，所采用的碳排放系数来源于《IPCC指南》第二卷第一章中给出的碳含量缺省值。由于《IPCC指南》给出的碳含量缺省值原始数据以“千克/百万千焦（kg/GJ）”为单位，为了计算方便，可以将其中的能量单位转化成吨标准煤或万吨标准煤。根据联合国规定的1克标准煤=7 000卡热值，以及1956年伦敦第五届国标政企大会上确定的卡与焦耳之间的15摄氏度卡换算标准：15摄氏度卡=4.186 8焦耳，可以推算出标准煤的发热量为：1万吨标准煤=29.307 6×104百万千焦，此即为能量单位转化成万吨标准煤的转化系数。为简便计算，本书取具体转化系数为1万吨标准煤=29.3×104百万千焦。根据《IPCC指南》给出的碳含量缺省值而计算得出的各种主要不可再生化石能源及其衍生物的碳排放系数见表2.9。

表2.9 各种主要不可再生化石能源及其衍生物碳排放系数

万吨/万吨标准煤

能源种类	碳排放系数	能源种类	碳排放系数
煤炭	0.755 9	煤油	0.571 4
焦炭	0.855 6	柴油	0.591 9
原油	0.586 0	燃料油	0.618 2
汽油	0.553 8	天然气	0.448 3

数据来源：《2006年IPCC国家温室气体清单指南》和作者计算。

能源消费种类除按上述方式划分外，还可以按一次化石能源（煤、石油、天然气）进行划分，所采用的碳排放系数可以取几个相关研究机构所得测算结果的平均值作为依据（见表2.10）。

表 2.10 一次化石能源碳排放系数 万吨/万吨标准煤

数据来源机构	煤炭	石油	天然气	水电、核电
美国能源部	0.702	0.478	0.389	0
日本能源经济研究所	0.756	0.586	0.449	0
国家科委气候变化项目	0.726	0.583	0.409	0
国家发展与改革委员会能源研究所	0.747 6	0.582 5	0.443 5	0
平均值	0.732 9	0.557 4	0.422 6	0

数据来源：中国可持续发展能源暨碳排放情景分析（2013）。

本书除本章2.2.3节为进行国际比较和第3部分采用尽可能长期的国际广泛认可数据，而直接使用美国橡树岭国家实验室二氧化碳信息分析中心发布的中国历年碳排放数据外，其余各章节主要使用《中国能源统计年鉴》提供的分行业、分地区主要能源品种消费数据和表2.9中给出的碳排放系数，计算中国能源消费碳排放量及相关数据，以尽量保证基于能源消费所产生碳排放数据分析的准确性。

2.2.2 中国能源消费碳排放的测算分析

2.2.2.1 碳排放总量

碳排放总量是指在一定时期内一个国家或地区的所有碳排放量总和，是评价一个国家或地区整体碳排放状况的指标，可以反映出以国家或地区为单位的经济体一定时期内对全球碳排放所贡献的比例或份额。1992年的《联合国气候变化框架公约》及其补充条款1997年的《京都协议书》等国际气候政策条约，正是根据1990年各国碳排放总量的评价结果而制定的。如前所述，本书对能源消费碳排放总量的测算主要是指，人类对不可再生化石能源及其主要衍生物的消费和使用所产生的碳排放量。根据《中国能源统计年鉴》中提供的分行业主要能源品种消费总量中的主要能源品种，本书计算中国能源消费碳排放总量的主要能源种类取煤炭、焦炭、原油、汽油、煤油、柴油、燃料油和天然气8类主要不可再生化石能源及其主要衍生物，数据时间取1994—2013年，根据公式（2－1）和表2.9中提供的各类主要能源碳排放系数进行计算（见表2.11和图2.8）。

表 2.11 1994—2013年中国能源消费碳排放总量和碳排放量增速

年份	碳排放总量（万吨）	碳排放量增速（%）	年份	碳排放总量（万吨）	碳排放量增速（%）
1994	98 757	—	1996	111 751	4.88
1995	106 552	7.89	1997	111 195	-0.50

续表

年份	碳排放总量（万吨）	碳排放量增速（%）	年份	碳排放总量（万吨）	碳排放量增速（%）
1998	106 099	-4. 58	2006	201 470	10. 30
1999	106 352	0. 24	2007	214 440	6. 44
2000	112 023	5. 33	2008	221 062	3. 09
2001	114 735	2. 42	2009	233 143	5. 46
2002	121 175	5. 61	2010	250 258	7. 34
2003	141 374	16. 67	2011	273 327	9. 22
2004	162 774	15. 14	2012	283 575	3. 75
2005	182 660	12. 22	2013	345 863	21. 97

数据来源：1995—2014 年《中国能源统计年鉴》。

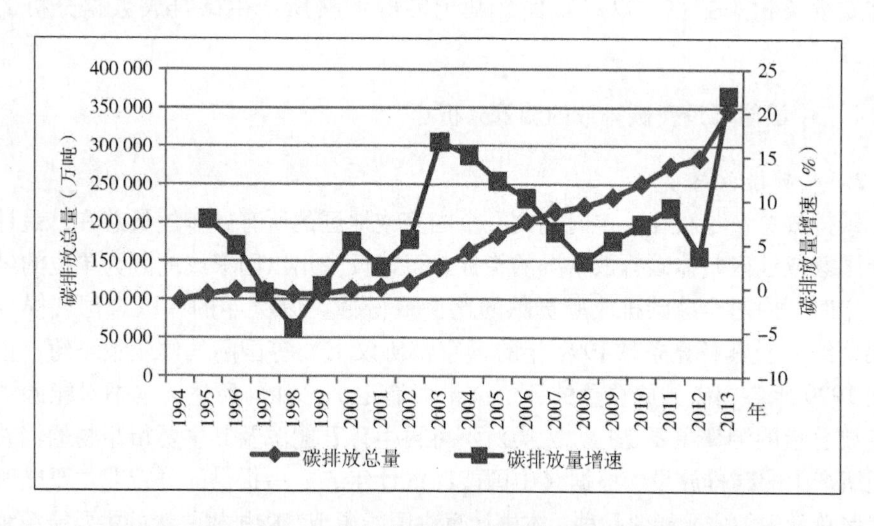

图 2.8 1994—2013 年中国能源消费碳排放总量和碳排放量增速

从整体上看，1994—2013 年中国能源消费碳排放总量呈持续增长趋势。截至 2013 年，中国能源消费碳排放总量达到 345 863 万吨，是 1994 年的 3. 5 倍，其年均增长率为 6. 99%。其中，1994—2002 年的碳排放总量增长较为缓慢，年均增长率仅为 2. 66%，1996—1997 年和 1997—1998 年的增长率呈现为负数，分别为 -0. 50% 和 -4. 58%，主要是与该时期的国民经济形势有关，1994—2002 年中国实际 GDP（以 1994 年不变价格计算）增长率年均为 8. 94%，经济增长相对放缓，作为基本投入品的能源消费量增长也相对较为缓慢，其所带来的碳排放增速自然较低；而 2002—2013 年中国实际 GDP（以

1994 年不变价格计算）增长率年均水平上升为 10.20%，经济高速发展，带动能源消费需求迅猛增加，碳排放量在这一时期也呈现较快增长，2002—2012 年中国能源消费碳排放总量年均增长率为 8.96%，2012—2013 年更是高达 21.97%。

在碳减排责任主体单位为国家的前提下，一国的年度碳排放总量最能反映年度范围内国与国之间在碳排放方面的公平。然而，如果从人际公平的角度讲，世界上无论哪个国家的人，均应平等地享有碳排放权利和承担碳减排义务。如果从历史累积的角度看，一国碳排放量的大量增加往往是伴随着工业化的兴起而开始的，目前发达国家已经完成了工业化进程，在其工业化进程时期累积了相当多的碳排放量，而在其完成工业化后历年的碳排放量已过了峰值点并逐渐稳定在较低水平；大多数发展中国家目前尚处于工业化初级发展阶段，其碳排放总量连年急剧增加，而其历史上仅累积了很少的碳排放量。因此，仅以年度碳排放总量评价各国碳排放水平和制定减排目标，必然会忽略不同国家在人口数量和历史累积方面的巨大差异，从而造成某种程度的不公平，损害到发展中国家的经济发展权益。正是出于自身权益的考虑，发达国家普遍以碳排放总量作为衡量指标来制定本国的减排目标和计划，如在 2009 年哥本哈根世界气候大会上，欧盟、挪威、日本和新西兰分别承诺到 2020 年温室气体排放量在 1990 年的基础上减少 20% ~30% ，30% ~40%，25% 和 10% ~20%，澳大利亚承诺减排总量在 2000 年基础上减少 5% ~25%，美国和加拿大均提出在 2005 年基础上减排 17%（搜狐绿色，2010）。发展中国家为了能够在气候变化国际谈判中合理维护自己的生存和发展权益，寻找自己的发展空间，分别提出了人均碳排放、累积碳排放等概念。

2.2.2.2 人均碳排放

人均碳排放是指一个国家或地区在一定时期内单位人口的平均碳排放数量，即以人口个体为单位对碳排放量进行衡量，以人均碳排放作为衡量指标，可以体现使用能源和自然资源、寻求发展、享有碳排放权利以及承担碳减排义务等方面的人际公平，人均碳排放的数量差异可以反映出各国经济发展水平和人民生活水平的差异。如果单纯以碳排放总量为指标进行国际比较并作为减排标准，则会在很大程度上忽视各国的人口数量差异，造成碳排放权利和寻求发展权利在人际间和不同经济发展水平国家间的不公平；如果将人均碳排放指标纳入减排标准，不但可以真正实现碳排放权利以及生存和发展权利的人际公平，而且可以为人口数量较大的发展中国家提供更大的发展空间和更多的发展契机。与发达国家相比，发展中国家具有人口基数大、经济总量小的特征，人均碳排放普遍较低，若以人均碳排放作为减排指标，发展中国家将会承担很少的减排责任，发达国家则会承担巨大责任与压力，因此在国际谈判中，该指标受到发展中国家的欢迎和发达国家的普遍反对。

本书根据表2.11中的中国能源消费碳排放总量数据，以及《中国统计年鉴》中历年常住人口数据计算，得到1994—2013年中国能源消费人均碳排放数据，计算结果见表2.12和图2.9。

表2.12 1994—2013年中国能源消费人均碳排放量及其增速

年份	人均碳排放量（吨/人）	人均碳排放增速（%）	年份	人均碳排放量（吨/人）	人均碳排放增速（%）
1994	0.82	—	2004	1.25	14.46
1995	0.88	6.76	2005	1.40	11.56
1996	0.91	3.79	2006	1.53	9.72
1997	0.90	-1.49	2007	1.62	5.89
1998	0.85	-5.45	2008	1.66	2.57
1999	0.85	-0.58	2009	1.75	4.95
2000	0.88	4.54	2010	1.87	6.83
2001	0.90	1.71	2011	2.03	8.70
2002	0.94	4.93	2012	2.09	3.24
2003	1.09	15.97	2013	2.54	21.37

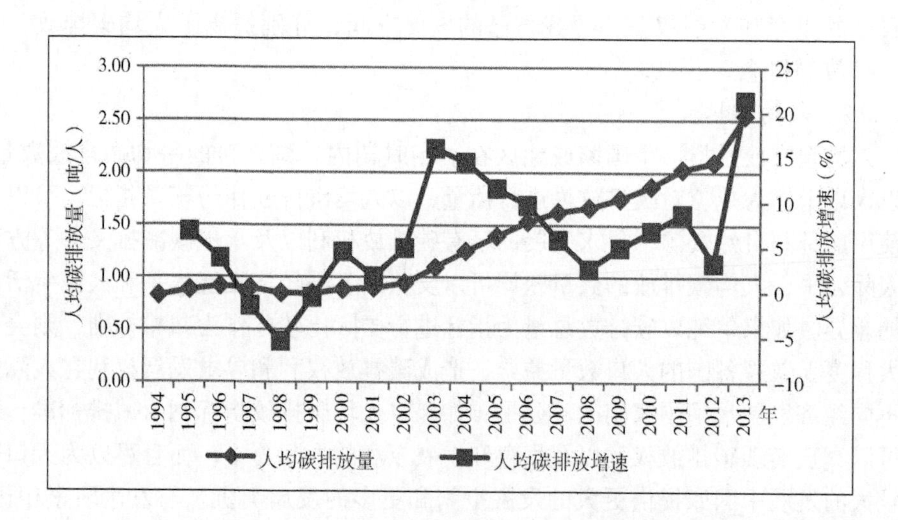

图2.9 1994—2013年中国能源消费人均碳排放量及其增速

1994—2013 年中国能源消费人均碳排放量总体呈不断增加态势，从 1994 年的 0.82 吨/人增加到 2013 年的 2.54 吨/人，增长了 2.08 倍，年均增长率达 6.29%。其中，1994—2002 年的人均碳排放量增长较为缓慢，该时期的年均增长率只有 1.78%，除 1994—1995 年的增长率稍高于 1994—2013 年的年均增长水平外，其余年份增长率均明显低于 1994—2013 年的年均增长水平，1997—1999 年的增长率出现负数，分别为 -1.49%，-5.45%，-0.58%；2002—2012 年人均碳排放量增长较快，年均增长率为 8.39%；2012—2013 年甚至高达 21.37%。从 1994—2013 年的总体变化特征看，中国能源消费人均碳排放量与碳排放总量的增长和变化趋势基本一致，说明受经济发展和能源消费需求变化影响而带来碳排放总量变化的同时，由于人口基数变化并不明显，导致人均碳排放量呈现出与碳排放总量基本相同的变化特征。

通过表 2.13 和图 2.10 可以看出，1994—2013 年中国常住人口数量增长并不明显，从 1994 年的 119 850 万人到 2013 年增长到 136 072 万人，增长了 13.54%。1994—2013 年，人口增长率基本呈逐年连续平稳下降趋势，从 1994—1995 年的 1.06% 下降为 2012—2013 年的 0.49%，年均增长率只有 0.67%，这主要是由于中国长期以来实施计划生育政策而有效地控制了中国总体人口基数所导致的。因此，对于人口基数波动不大的中国而言，有效地控制人均碳排放量的增长即是有效地控制碳排放总量的增长。

表 2.13 1994—2013 年中国常住人口数量及其增速

年份	常住人口数量（万人）	常住人口增速（%）	年份	常住人口数量（万人）	常住人口增速（%）
1994	119 850	—	2004	129 988	0.59
1995	121 121	1.06	2005	130 756	0.59
1996	122 389	1.05	2006	131 448	0.53
1997	123 626	1.01	2007	132 129	0.52
1998	124 761	0.92	2008	132 802	0.51
1999	125 786	0.82	2009	133 450	0.49
2000	126 743	0.76	2010	134 091	0.48
2001	127 627	0.70	2011	134 735	0.48
2002	128 453	0.65	2012	135 404	0.50
2003	129 227	0.60	2013	136 072	0.49

数据来源：2014 年《中国统计年鉴》。

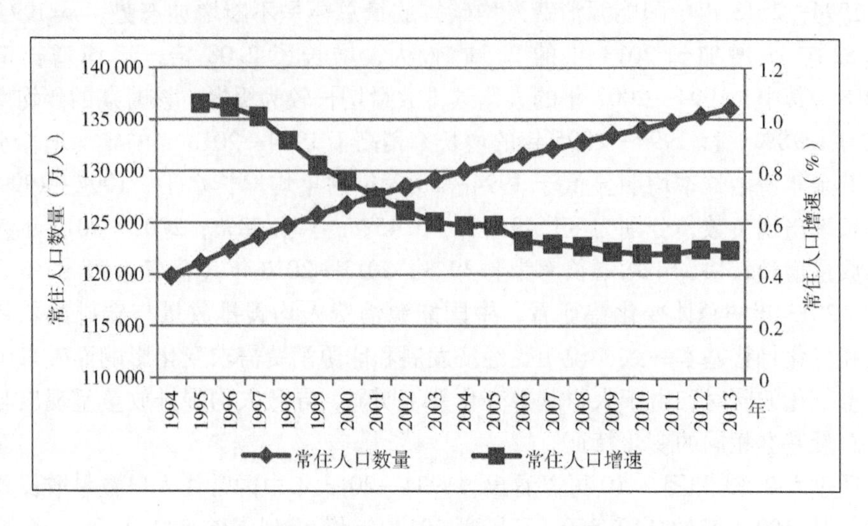

图 2.10　1994—2013 年中国常住人口数量及其增速

2.2.2.3　累积碳排放和人均累积碳排放

累积碳排放是指一个国家或地区在历史上某一时期内历年碳排放量的累积总和，1997 年，巴西政府提出的《关于气候变化框架公约议定书的几个设想要点》（简称“巴西案文”）中首次提到这个概念，该概念强调了各国对全球气候变化的历史责任。“巴西案文”对各个国家和地区碳排放源所造成的有关气候变化的相对影响进行了测算，其宗旨在于量化发达国家的减排义务，同时指出了各发达国家自工业革命以来的相继工业化历程带来的温室气体排放的逐年累积是导致全球气候变化的主要原因，因此，为全面体现公平性和正义性，在考虑和制定减排义务时应该追溯并兼顾各国的历史责任。该案文为发展中国家在气候变化国际谈判中维护自己的权益和寻找自己的发展空间提供了科学依据，得到广大发展中国家的支持，同时也由于其科学性获得了许多发达国家的认可。

然而，累积碳排放概念仍属于总量指标，仅强调了各国对碳排放的历史累积责任，却不能反映当代人在碳排放方面的需求，忽略了碳排放需求方面的人际公平。为同时兼顾碳排放需求方面的历史公平和人际公平，中国学者何建坤等（2004）[228]和潘家华等（2008）[229]在美国学者史密斯（Smith，1992）[230]首先提出的人均累积碳排放概念雏形和累积碳排放概念的基础上，进一步提出了“人均累积碳排放”的概念，并在 2008 年年底的波兹南气候会议上，由中国政府代表团首次公开提出这一概念。目前，关于人均累积碳排放的算法包括：动态人口、静态人口、“人年”等。其中动态人口算法是指，一个国家一定时期内历年人均碳排放的累加和；静态人口算法是指，一个国家过去距今的一定时期内历年碳排放量累加总和与靠近现代的某一年份人口数之比；“人年”算法是指，一个国家过去距今的一定时期内历年碳排放量累加总和与历年人口数累加总和之比。中国学者戴君虎等（2014）[231]采用以上三种算法对8大工业领袖国：美国、英国、德国、法国、日本、意大利、加拿大和俄罗斯，以及5个主要发展中国家：中国、印度、南非、巴西和墨西哥（简称“G8+5”国家）1900—2010年的人均累积碳排放进行了测算，其测算结果见表2.14。从表2.14的数据可以看出，在发达国家中，美国在三种算法下的人均累积碳排放水平均为最高，意大利均为最低；除南非外的其他4个发展中国家的人均累积碳排放水平在三种算法下均明显低于8个发达国家；中国在三种算法下的人均碳排放水平在5国发展中国家中均位居第三位，低于南非和墨西哥，而高于巴西和印度，在动态人口算法下分别是美国和意大利人均累积碳排放水平的6.06%和30.99%，静态人口算法下分别是两国水平的8.17%和28.46%，“人年”算法下分别是两国水平的8.54%和40.48%。

表2.14 1900—2010年“G8+5”国家基于三种算法的人均累积碳排放量

吨/人

国家	动态人口算法	静态人口算法	“人年”算法
美国	498.355	315.694	4.756
英国	307.096	256.075	2.746
加拿大	358.505	222.766	3.697
德国	244.257	217.136	2.241
俄罗斯	205.750	193.266	2.147
法国	166.940	130.782	1.566
日本	125.186	108.274	1.405
意大利	97.520	90.646	1.003
南非	172.817	93.548	2.006
墨西哥	64.185	34.987	0.754
中国	30.224	25.795	0.406
巴西	21.404	14.906	0.306
印度	12.312	8.684	0.167

数据来源：戴君虎，王焕炯，刘亚辰，等．人均历史累积碳排放3种算法及结果对比分析［J］．第四世纪，2014，34（4）：823－829.

与发展中国家相比，由于发达国家已完成工业化进程而在其历史上累积了相当多的碳排放量，同时发达国家人口基数相对较小，因此，以人均累积碳排放作为碳减排的衡量指标有利于发展中国家，而不利于发达国家。

2.2.2.4 碳排放强度

碳排放强度是指单位GDP产值所带来的碳排放量，该指标主要用于衡量一个国家或地区的经济水平与碳排放量的关系，可以反映一个国家或地区的能源利用效率和技术水平，该指标数值越大说明创造单位总产值所需要的碳排放量或所付出的环境代价越大。就公平性而言，碳排放强度指标一方面是公平的，为实现低碳经济发展，所有国家均需淘汰落后生产技术并引进先进产能以削减碳排放强度，从而可以有效限制和降低高碳排放国家为实现既定经济产值所需要的排放活动，避免能源和资源浪费；另一方面，它又是不公平的，因为它忽略了发展中国家与发达国家的经济发展阶段和水平差异：一般来说，当前发达国家的产业结构以高附加值和低能耗为特征的第三产业为主，且在生产过程中采用较为先进的生产工艺和技术，而发展中国家的产值则主要集中在低附加值和高能耗为特征的第二产业，生产工艺和能源利用技术落后，因此发展中国家的碳排放强度高于发达国家。

本书仍根据表2.11的中国能源消费碳排放总量数据，并结合按照1994年不变价格的GDP数据计算得到1994—2013年中国能源消费碳排放强度数据，计算结果见表2.15和图2.11。

表2.15 1994—2013年中国能源消费碳排放强度及其增速

年份	碳排放强度（万吨/亿元）	碳排放强度增速（%）	年份	碳排放强度（万吨/亿元）	碳排放强度增速（%）
1994	2.05	—	2004	1.41	4.59
1995	1.99	-2.73	2005	1.42	0.81
1996	1.90	-4.66	2006	1.39	-2.11
1997	1.73	-8.96	2007	1.29	-6.77
1998	1.53	-11.51	2008	1.22	-5.97
1999	1.43	-6.86	2009	1.17	-3.43
2000	1.38	-2.86	2010	1.14	-2.81
2001	1.31	-5.43	2011	1.14	-0.07
2002	1.27	-3.18	2012	1.10	-3.63
2003	1.34	6.04	2013	1.25	13.25

数据来源：表2.11和2014年《中国统计年鉴》。

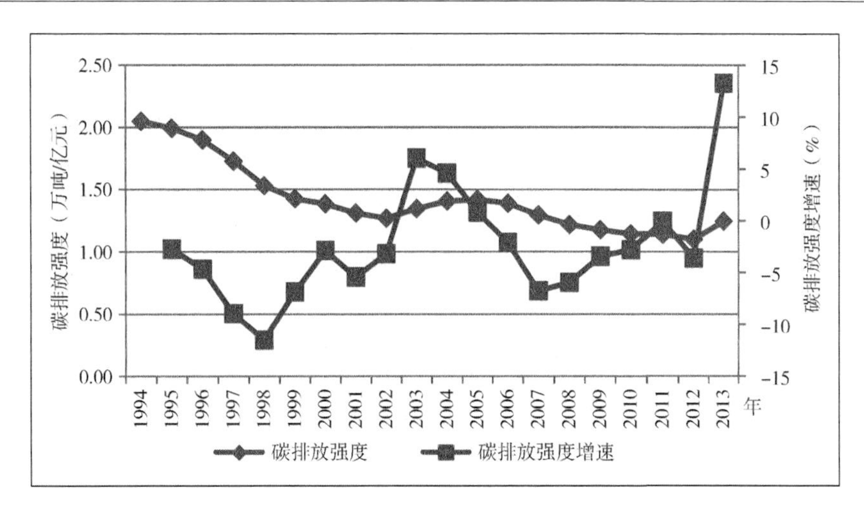

图 2.11 1994—2013 年中国能源消费碳排放强度及其增速

1994—2013 年，中国能源消费碳排放强度总体呈逐步下降趋势，从 1994 年的 2.05 万吨/亿元减少为 2013 年的 1.25 万吨/亿元，下降了近 40%，其年均降速为 2.44%。其中，1994—2002 年的碳排放强度下降速度较快，该时期的年均下降率达到 5.77%；1996—1999 年的下降率较高，每年的下降率均高于该时期平均水平，1996—1997 年达 8.96%，1997—1998 年达到 11.51%，其余年份的下降率较低，每年下降率均低于该时期平均水平。2002—2005 年的碳排放强度表现为正数的增长率，该时期年均增长率为 3.81%，2002—2003 年碳排放强度增长率高达 6.04%，到 2003—2004 年下降为 4.59%，2004—2005 年则只有 0.81%。2005—2012 年中国能源消费碳排放强度每年均为下降，年均下降率为 3.54%，2006—2008 年下降率较高，分别为 6.77% 和 5.97%，1998—1999 年和 2011—2012 年接近于该时期平均水平，下降分别为 3.43% 和 3.63%，其余年份下降率则明显低于该时期平均水平。2012—2013 年碳排放强度出现大幅度反弹，增长率高达 13.25%。

从 1994—2013 年总体变化特征看，中国能源消费碳排放强度与碳排放总量的增长和变化趋势正好相反，说明受经济发展和能源消费需求变化影响而带来碳排放总量变化的同时，由于工业化的高速发展带来国民经济以更快速度增长，导致碳排放强度呈现出与碳排放总量正好相反的变化特征。通过表 2.16 和图 2.12 可以看出，在 1994—2013 年中国经济增长显著，以 1994 年不变价格计算的 GDP 从 1994 年的 48 198 亿元增长到 2013 年的 277 733 亿元，增长了 4.76 倍，年均增长 9.67%。而同时期中国能源消费碳排放总量增长了 2.5 倍，其年均增长率为 6.99%。表 2.6 和图 2.5 描述的亿元 GDP 能耗及其下降率，表明该时期能源消费强度呈稳步下降态势，说明中国在经济高速发展的同时，能源利用技术和效率有了一定程度的进步和提高，从而导致碳排放强度的逐步下降。

表 2. 16 1994—2013 年中国实际 GDP 及其增速

年份	实际 GDP（亿元）	实际 GDP 增速（%）	年份	实际 GDP（亿元）	实际 GDP 增速（%）
1994	48 198	—	2004	115 743	10. 09
1995	53 464	10. 92	2005	128 834	11. 31
1996	58 814	10. 01	2006	145 166	12. 68
1997	64 282	9. 30	2007	165 725	14. 16
1998	69 318	7. 83	2008	181 692	9. 63
1999	74 600	7. 62	2009	198 433	9. 21
2000	80 889	8. 43	2010	219 163	10. 45
2001	87 604	8. 30	2011	239 545	9. 30
2002	95 560	9. 08	2012	257 876	7. 65
2003	105 140	10. 03	2013	277 733	7. 70

数据来源：2014 年《中国统计年鉴》和作者计算。

注：历年实际 GDP 均按 1994 年不变价格计算。

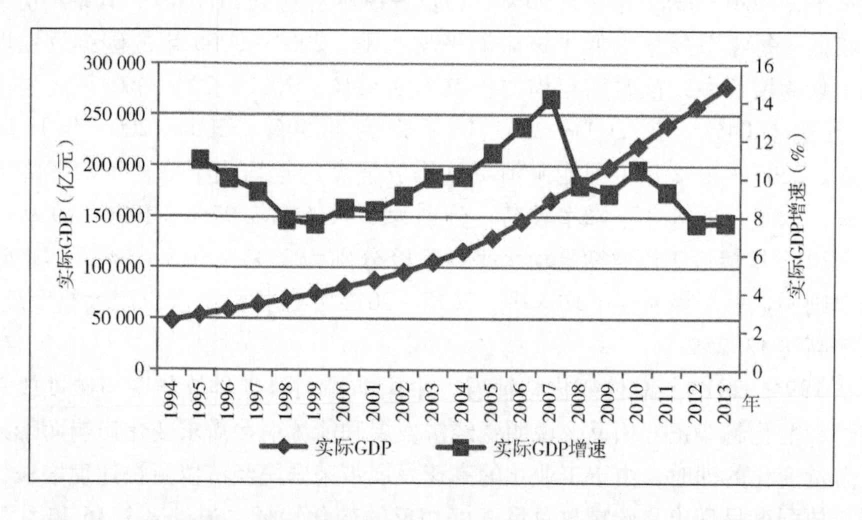

图 2. 12 1994—2013 年中国实际 GDP（按 1994 年不变价格计算）及其增速

2. 2. 3 中国碳排放水平国际比较

人类在其生活和生产活动中大量使用煤、石油、天然气等化石能源及其衍生物作为主要投入能源，含碳能源的长期消费和使用不可避免地带来其副产品——

二氧化碳等温室气体在地球大气中的日积月累。人类对化石能源及其衍生物的大规模开采以及消费和使用开端于18世纪的工业革命时期，工业革命之后200多年的人类生活和生产活动造成了二氧化碳等温室气体的大量累积。工业革命率先兴起和完成于发达国家，而大多数发展中国家的工业化开始于20世纪的六七十年代，这就意味着发展中国家对含碳化石能源及其衍生物的大规模消耗和使用比发达国家晚了近200年，目前由于二氧化碳等温室气体的大量累积而造成的温室效应，主要是发达国家长期生活和生产活动的结果，因此，在碳减排的问题上，发达国家应当承担主要的责任与义务。

诚然，各国在进行生活和工业生产活动的同时，均有责任与义务为全球的温室气体减排和环境改善事业做出自己的应有贡献。然而，在承担减排责任和分担减排义务时，各国由于历史发展进程、现有人口规模和经济发展水平等因素差异，应当有所区别。

中国由于工业化高速发展，导致近年来碳排放总量迅猛增长，目前已位居世界第一，受到许多国家的指责。本书从碳排放总量、人均碳排放和碳排放强度指标的角度，将中国与“G8 +5”国家中的其他国家进行横向对比分析，以说明目前中国碳排放面临的国际形势。其中，各国的碳排放总量数据和人均碳排放数据采用美国橡树岭国家实验室二氧化碳信息分析中心发布的各国年度数据，时间区间截取1992—2013年；各国碳排放强度数据采用其碳排放总量数据与其GDP之比计算而得，各国GDP数据采用世界银行数据库提供的各国历年以2010年不变美元市场价格计算的GDP数据。

2.2.3.1 碳排放总量的国际对比

从美国橡树岭国家实验室二氧化碳信息分析中心提供的数据及其变化趋势可以看到（见图2.13），中国的碳排放总量从1992年到2013年增长了2.8倍，尤其是2002年以后，中国碳排放总量高速增长，这一变化趋势与本书表2.11和图2.8中得出的1994—2013年中国能源消费碳排放总量数据变化趋势基本一致，说明在中国工业化高速发展的过程中，能源消费需求迅猛增加，同时带动碳排放总量迅速增长，中国的碳排放总量从2006年开始超过美国而位居世界第一。8大工业领袖国的碳排放总量变化较为稳定，与1992年相比，2013年美国、日本和加拿大的碳排放总量仅是稍有增加，增幅最大的日本也只增加了10.64%，而英国、德国、法国、意大利和俄罗斯5个欧洲国家甚至有一定程度的降低。这主要是因为这些发达国家早已完成了工业化，并经历和走过了工业化所必然相伴的碳排放快速增长的历史阶段，而且，随着国际贸易以及国际分工与合作的进一步发展所带来的产业跨国转移，使得发达国家的部分碳排放转嫁到了发展中国家。与发达国家相比，5个主要发展中国家的碳排放总量增长趋势较为明显，尤其是中国和印度。从整个时期看，印度1992年的碳排放总量基数并不大，然而其增速较快，到2009年已经超过了除美国以外的其他7个工业领袖国。作为既是发展中国家，又是人口超级大国的中国和印度，能源利用技术和效率的相对低下以及高能耗投入的经济发展方式，使得其目前正经历着工业化进程中所必然伴随的碳排放快速增长阶段。

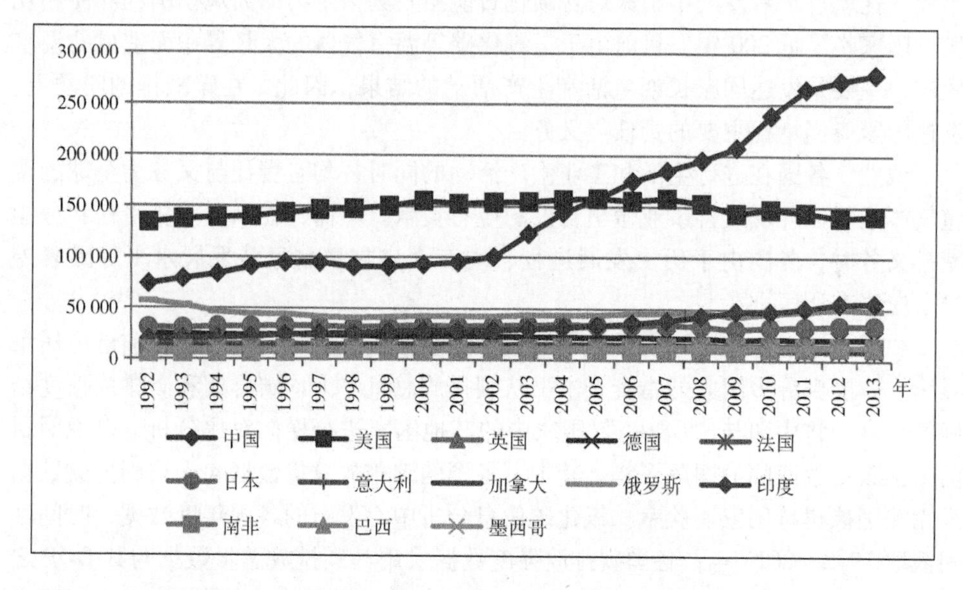

图2.13 1992—2013年“G8+5”国家碳排放总量趋势（万吨）

目前仍为世界人口第一大国的中国，长期以来具有低附加值和高能耗特征的第二产业产值始终占据其主导产业地位，在其能源消费结构中仍是以各类主要的不可再生化石能源及其衍生物为主，具有高碳排放系数的煤炭消费在能源消费总量中始终占据着主导地位，这意味着中国经济的进一步发展将使碳排放总量持续维持在一定高度并可能在未来一定时期内继续高居世界首位。

2.2.3.2 人均碳排放量的国际对比

人均碳排放指标可以体现使用能源与自然资源、寻求发展、享有碳排放权利以及承担碳减排义务等方面的人际公平。如果将人均碳排放指标纳入减排标准，不但可以真正实现碳排放权利以及生存和发展权利的人际公平，而且可以为人口数量较大的发展中国家提供更大的发展空间和更多的发展契机。图2.14中美国橡树岭国家实验室二氧化碳信息分析中心提供的数据及其变化趋势表明，中国的人均碳排放量从1992年到2013年增长了2.25倍，尤其是2002年以后，增长趋势较为明显。从整个时期看，美国橡树岭国家实验室二氧化碳信息分析中心提供的人均碳排放量数据变化趋势，与表2.12和图2.9中的1994—2013年中国能源消费人均碳排放量数据变化趋势基本一致，且与中国碳排放总量的增长和变化趋势也基本相同。截至2013年，从与8大工业领袖国的横向对比看，中国的人均碳排放量明显低于美国、加拿大和俄罗斯，稍低于日本和德国，稍高于英国、意大利和法国；从与其他4个主要发展中国家的横向对比看，稍低于南非，明显高于墨西哥、巴西和印度。目前，发展中国家的人均碳排放水平明显低于发达国家，其中，印度的人均碳排放水平最低，其2013年的人均碳排放量还不到8个发达国家中最低的法国的1/3。然而，从各国人均碳排放量的变化趋势看，发达国家的人均碳排放量变化比较稳定，且与1992年相比，其2013年的人均碳排放量除日本有轻微增加以外，其余国家均有一定程度的减少；而发展中国家中的两个人口超级大国中国和印度的人均碳排放量则增幅较大。

中国在该时期人均碳排放量的较大幅度增长，说明中国受经济发展和能源消费需求变化影响而带来碳排放总量变化的同时，由于人口基数变化并不明显，导致人均碳排放量呈现出与碳排放总量基本相同的变化特征。这主要是由于中国自改革开放以来长期实施计划生育政策而有效地控制了总体人口基数所导致的。因此，对于人口基数波动不大的中国而言，有效地控制人均碳排放量的增长即是有效地控制碳排放总量的增长。本书第3章、第4章和第5章也将主要围绕人均碳排放进行相关影响因素分析研究。

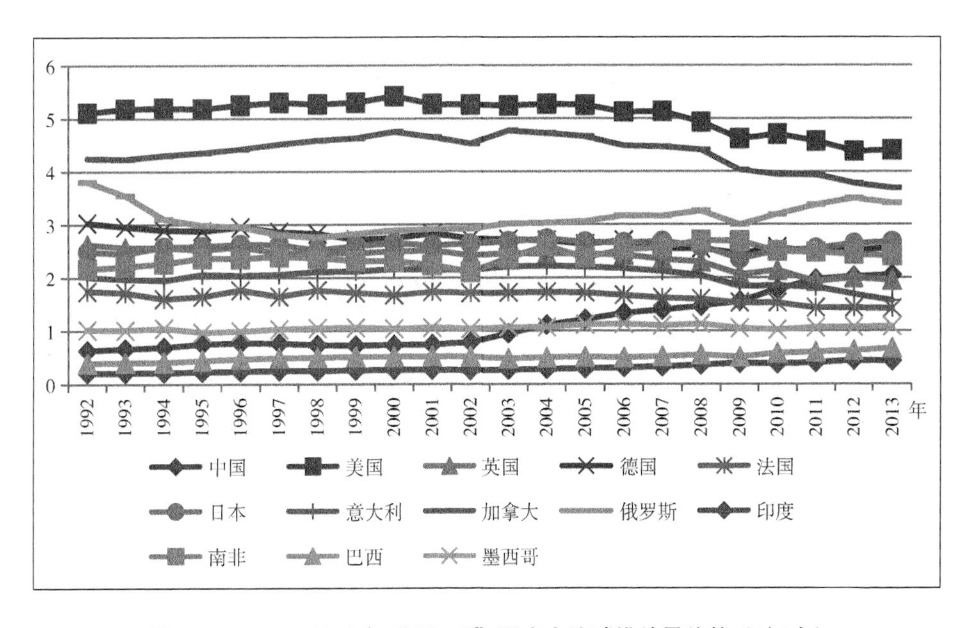

图 2.14　1992—2013 年“G8 +5”国家人均碳排放量趋势（吨/人）

2.2.3.3　碳排放强度的国际对比

碳排放强度可以反映出一个国家的能源利用技术水平和能源利用效率，一方面，以它为指标可以敦促高碳排放强度国家努力淘汰落后生产技术和生产工艺并引进先进产能，从而提高能源利用技术和效率，避免能源浪费，降低碳排放强度；另一方面，如果单纯以碳排放强度为衡量指标，会忽略发展中国家与发达国家的经济发展阶段和水平差异，就一个国家所处的工业化阶段及其所匹配的产业结构和所具有的生产技术水平而言，发展中国家的碳排放强度一般高于发达国家。根据图 2.15 提供的数据及其变化趋势显示，从 1992 年到 2013 年中国的碳排放强度下降了近 1/2，这一下降速度高于“G8 +5”中的其他国家；除了日本以外，其他 7 个工业领袖国的碳排放强度的下降幅度也比较明显，英国和俄罗斯的降幅分别达到 47.48% 和 40.75%，最低的意大利降幅也有 28.07%；其他 4 个发展中国家的碳排放强度下降幅度较小，其中最高的印度为 26.45%，南非和墨西哥分别为 18.43% 和 13.74%，巴西则不降反升，增加了 13.83%。从碳排放强度绝对值的国际横向对比看，发达国家的碳排放强度明显低于发展中国家，截至 2013 年，8 大工业领袖国中除俄罗斯的碳排放强度为 2.93 万吨/亿美元外，其余 7 国均小于 1 万吨/亿美元，法国、意大利和英国的碳排放强度更是未达到 0.5 万吨/亿美元；发展中国家除巴西的碳排放强度为 0.57 万吨/亿美元，达到发达国家水平外，其余 4 国的碳排放强度均较高，墨西哥为 1.16 万吨/亿美元，印度为 2.79 万吨/亿美元，南非为 3.17 万吨/亿美元，中国最高，为 3.60 万吨/亿美元。

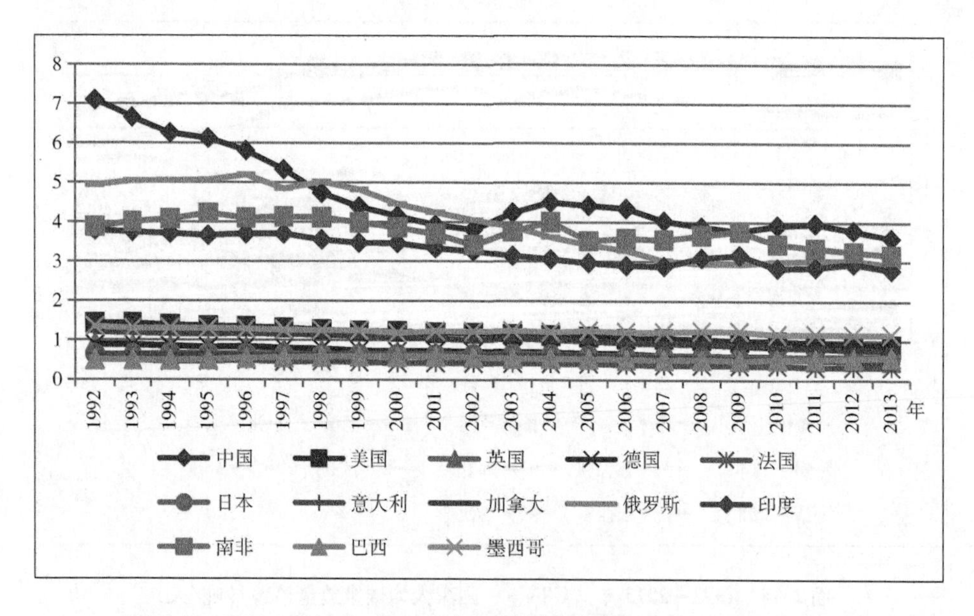

图 2.15　1992—2013 年“G8 +5”国家碳排放强度趋势（万吨/亿美元）

中国的高碳排放强度主要是由于中国作为发展中国家所取得的经济产值集中在低附加值和高能耗为特征的第二产业，生产工艺和能源利用技术比较落后，减排技术较低，居民环保观念和理念较弱，工业化和城市化的发展不可避免地带来了高污染和高排放。然而，中国在该时期的碳排放强度降幅较大，说明中国在经济高速发展的同时，能源利用技术和效率有了一定程度的进步和提高，从而导致碳排放强度的逐步下降。随着中国社会经济的进一步发展，产业结构不断调整和优化升级，科学技术水平和减排技术不断提高，居民环保理念逐渐增强，中国的碳排放强度在未来一段时期内应该会持续降低。

2.2.4 中国能源消费碳排放 GM（1，1）模型预测

预测的实质是在对过去的状态进行探讨的基础上，了解和推测未来，预测可以使我们针对未来的可能状态和趋势采取相应的改变策略和措施。第 2.2.2 节和第 2.2.3 节的分析结果表明，中国能源消费人均碳排放量与碳排放总量的增长和变化趋势基本一致，同时，对于实施计划生育政策以来，人口基数波动较小的中国而言，有效地控制人均碳排放量增长即等价于有效地控制碳排放总量增长。因此，本节将对中国能源消费人均碳排放和碳排放强度指标变量进行预测，以论证是否有必要对所预测的指标变量，做进一步的影响因素研究和政策建议分析。

灰色系统预测，通过对某系统原始数据进行处理和建立灰色模型，进行分析来寻找和掌握该系统的发展规律，从而可以对该系统的未来状态和发展趋势做出科学的定量预测。本节将采用灰色系统预测模型中的 GM（1，1）模型对中国能源消费人均碳排放量和碳排放强度进行预测。为了尽量保证基于能源消费所产生碳排放数据预测的准确性，本书使用第 2.2.2.2 节和第 2.2.2.4 节中计算得出的 1994—2013 年中国能源消费人均碳排放量和碳排放强度数据进行 GM（1，1）模型预测。

2.2.4.1 人均碳排放量预测

（1）模型建立。设定表 2.12 中计算得出的 1994—2013 年中国能源消费人均碳排放量为原始序列：$Y^{(0)} = \{y^{(0)}(1), y^{(0)}(2), \cdots, y^{(0)}(20)\}$。并对原始序列 $Y^{(0)}$ 做一次累加生成新序列 $Y^{(1)} = \{y^{(1)}(1), y^{(1)}(2), \cdots, y^{(1)}(20)\}$，$y^{(1)}(k) = \sum_{j=1}^{k} y^{(0)}(j)\ (k = 1,2,\cdots,20)$。

对原始序列 $Y^{(0)}$ 做准光滑性检验。根据光滑比计算公式：$\theta(k) = y^{(0)}(k)/y^{(1)}(k-1)$，得出光滑比计算值（见表 2.17）。由表 2.17 中计算结果可知，$\theta(k+1)/\theta(k) < 1$，且当 $k > 3$ 时，$\theta(k) < 0.5$，原始序列 $Y^{(0)}$ 满足非负准光滑性条件。从而，当 $k > 3$ 时，$Y^{(1)}$ 满足准指数规律，故可以对 $Y^{(1)}$ 建立 GM（1，1）模型。

表 2.17　能源消费人均碳排放量光滑比计算结果

k	$\theta(k)$	k	$\theta(k)$	k	$\theta(k)$	k	$\theta(k)$
—	—	6	0.19	11	0.14	16	0.11
2	1.07	7	0.17	12	0.14	17	0.10
3	0.54	8	0.15	13	0.13	18	0.10
4	0.34	9	0.13	14	0.12	19	0.09
5	0.24	10	0.14	15	0.11	20	0.10

对 $Y^{(1)}$ 做紧邻均值生成序列 $W^{(1)} = \{w^{(1)}(2), w^{(1)}(3), \cdots, w^{(1)}(20)\}$，$w^{(1)}(k) = (y^{(1)}(k) + y^{(1)}(k-1))/2, (k = 2,3,\cdots,20)$。

建立 GM（1，1）模型：

$$y^{(0)}(k) + aw^{(1)}(k) = b \tag{2-2}$$

其离散解为

$$\hat{y}^{(1)}(k) = \left(y^{(0)}(1) - \frac{b}{a}\right)e^{-a(k-1)} + \frac{b}{a}$$

$$k = 2,3,\cdots,20 \tag{2-3}$$

其中，$-a$ 为发展系数，b 为灰色作用量。

设待估参数向量 $\tau = [a,b]^T$，由最小二乘法得：

$$\tau = (B^T B)^{-1} B^T Y \tag{2-4}$$

其中，

$$B = \begin{bmatrix} -w^{(1)}(2) & 1 \\ -w^{(1)}(3) & 1 \\ \vdots & \vdots \\ -w^{(1)}(20) & 1 \end{bmatrix}, Y = \begin{bmatrix} y^{(0)}(2) \\ y^{(0)}(3) \\ \vdots \\ y^{(0)}(20) \end{bmatrix} \tag{2-5}$$

将数据代入，可得 $a = -0.068\,2$，$b = 0.602\,9$ 和 $\hat{y}^{(1)}(k)$。

显然，$-a < 0.3$，预测精度较高，所建立的人均碳排放 GM（1，1）模型可用于中长期预测。

根据式（2-3）计算得出的 $\hat{y}^{(1)}(k)(k = 2,3,\cdots,20)$，分别计算出模拟还原值 $\hat{y}^{(0)}(k) = \hat{y}^{(1)}(k) - \hat{y}^{(1)}(k-1)$，其计算结果可见表 2.18。

（2）模型检验及预测。对于所分析的特定问题，所选择的预测模型需要经过多种检验方能判定其合理性和有效性，经过多种检验且其检验结果均通过的模型预测结果才能视为有效合理。为了确保 GM（1，1）模型预测结果的准确性，需要进行平均相对误差检验、后验差检验、小误差概率检验和实际值与模拟还原值的关联度检验，其检验的精度等级可以参照表 2.19 确定。

表 2.18 能源消费人均碳排放量实际值与模拟还原值的误差

年份	实际值	模拟还原值	残差	相对误差
1994	0.82	0.82	0.00	0.00
1995	0.88	0.68	0.20	0.22
1996	0.91	0.73	0.18	0.20
1997	0.90	0.78	0.12	0.13
1998	0.85	0.84	0.01	0.02
1999	0.85	0.90	-0.05	0.06
2000	0.88	0.96	-0.08	0.09
2001	0.90	1.03	-0.13	0.14
2002	0.94	1.10	-0.16	0.17
2003	1.09	1.18	-0.09	0.08
2004	1.25	1.26	-0.01	0.01
2005	1.40	1.35	0.05	0.03
2006	1.53	1.44	0.09	0.06
2007	1.62	1.55	0.07	0.05
2008	1.66	1.66	0.00	0.00
2009	1.75	1.77	-0.02	0.01
2010	1.87	1.90	-0.03	0.02
2011	2.03	2.03	0.00	0.00
2012	2.09	2.18	-0.09	0.04
2013	2.54	2.33	0.21	0.08

根据前面得到的模拟还原值 $\hat{y}^{(0)}(k)(k=2,3,\cdots,20)$，分别计算出其与能源消费人均碳排放量实际值的残差 $\varepsilon(k)=y^{(0)}(k)-\hat{y}^{(0)}(k)(k=2,3,\cdots,20)$ 与相对误差 $\pi(k)=\varepsilon(k)/y^{(0)}(k)$，其计算结果可见表 2.18。从而，计算平均相对误差 $\overline{\pi}=\sum_{k=2}^{20}\pi(k)/19=0.074$，参照表 2.19 可判断其检验精度为三级。

表 2.19 精度检验等级参照表

精度等级	相对误差	均方差比值	小误差概率	关联度
一级	0.01	0.35	0.95	0.90
二级	0.05	0.50	0.80	0.80
三级	0.10	0.65	0.70	0.70
四级	0.20	0.80	0.60	0.60

资料来源：刘思峰，党耀国，方志耕，等．灰色系统理论及其应用：第三版［M］．北京：科学出版社，2004：164.

后验差检验。根据公式

$$S_1 = \sqrt{\frac{1}{n-1}\sum_{k=1}^{n}(y^{(0)}(k) - \overline{y^{(0)}})^2}$$

$$\overline{y^{(0)}} = \frac{1}{n}\sum_{k=1}^{n} y^{(0)}(k) \tag{2-6}$$

$$S_2 = \sqrt{\frac{1}{n-1}\sum_{k=1}^{n}(\varepsilon(k) - \bar{\varepsilon})^2}$$

$$\bar{\varepsilon} = \frac{1}{n}\sum_{k=1}^{n} \varepsilon(k) \tag{2-7}$$

可计算均方差比值 $C = S_2/S_1 = 0.12 < 0.35(n = 20)$，检验精度为一级。

小误差概率 $p = P\{|\varepsilon(k) - \bar{\varepsilon}| < 0.674\,5S_1\} = 1 > 0.95$，检验精度为一级。

利用灰色绝对关联度检验实际值序列 $Y^{(0)}$ 与模拟还原值序列 $\hat{y}^{(0)} = \{\hat{y}^{(0)}(k) | k = 1,2,\cdots,20\}$ 的关联度：

首先，将两个序列进行始点零像化：$Y_0^{(0)} = \{y_0^{(0)}(k) | k = 1,2,\cdots,20\}$，$\hat{Y}_0^{(0)} = \{\hat{y}_0^{(0)}(k) | k = 1,2,\cdots,20\}$，且有 $y_0^{(0)}(k) = y^{(0)}(k) - y^{(0)}(1)$ 和 $\hat{y}_0^{(0)}(k) = \hat{y}^{(0)}(k) - \hat{y}^{(0)}(1)$。

然后，根据公式

$$\eta = \frac{1 + |q| + |\hat{q}|}{1 + |q| + |\hat{q}| + |\hat{q} - q|} \tag{2-8}$$

其中，

$$|q| = \left|\sum_{k=2}^{n-1} y_0^{(0)}(k) + \frac{1}{2} y_0^{(0)}(n)\right| \tag{2-9}$$

$$|\hat{q}| = \left|\sum_{k=2}^{n-1} \hat{y}_0^{(0)}(k) + \frac{1}{2}\hat{y}_0^{(0)}(n)\right| \tag{2-10}$$

$$|\hat{q} - q| = \left|\sum_{k=2}^{n-1} (\hat{y}_0^{(0)}(k) - y_0^{(0)}(k)) + \frac{1}{2}(\hat{y}_0^{(0)}(n) - y_0^{(0)}(n))\right| \tag{2-11}$$

计算灰色绝对关联度为 $\eta = 0.990\,3 > 0.90$，检验精度为一级。

通过以上检验可以看到，除相对误差的检验精度为三级外，均方差比值、小误差概率和关联度的检验精度均为一级，模型精度较高，能够通过检验，可以对中国未来的能源消费人均碳排放量进行预测。表 2.20 中列出了中国 2017—2020 年能源消费人均碳排放量的预测值。

表 2.20　2017—2020 年中国能源消费人均碳排放量预测值　　吨/人

年份	2017	2018	2019	2020
预测值	3.06	3.28	3.51	3.75

中国能源消费人均碳排放量在1994—2013年的年均增长率为6.29%，而根据GM（1，1）模型的预测，如果在保持现状的情况下，未来会以7.06%的年均增长速度持续增长，会超过绝大部分发达国家和发展中国家而成为人均碳排放大国。如前所述，中国能源消费人均碳排放量与碳排放总量的增长和变化趋势基本相同，有效地控制其人均碳排放量增长即等价于有效地控制碳排放总量增长，因此，采取有效措施遏制人均碳排放量的持续高速增长是实现碳减排的关键，本书后文将会主要围绕人均碳排放展开其影响因素研究。

2.2.4.2 碳排放强度预测

我们采用与人均碳排放量预测相同的方法对中国能源消费碳排放强度进行GM（1，1）模型预测。

（1）模型建立。设定表2.15中计算得出的中国1994—2013年能源消费碳排放强度作为原始序列，并对原始序列做一次累加生成新序列。对原始序列做准光滑性检验。根据光滑比计算公式计算得出光滑比计算值，由表2.21的光滑比计算结果可判断，原始序列满足非负准光滑性条件，新生成的一次累加序列满足准指数规律，故可以建立GM（1，1）模型。

表2.21 能源消费碳排放强度光滑比计算结果

k	$\theta(k)$	k	$\theta(k)$	k	$\theta(k)$	k	$\theta(k)$
—	—	6	0.16	11	0.09	16	0.05
2	0.97	7	0.13	12	0.08	17	0.05
3	0.47	8	0.11	13	0.07	18	0.05
4	0.29	9	0.10	14	0.06	19	0.04
5	0.20	10	0.09	15	0.06	20	0.05

对一次累加序列做紧邻均值生成新序列并建立GM（1，1）模型，根据式（2-2）至式（2-5）并代入能源消费碳排放强度数据可得发展系数 $a=0.0282$，灰色作用量 $b=1.8510$ 和GM（1，1）模型离散解 $\hat{y}^{(1)}(k)$。显然，$-a<0.3$，预测精度较高，所建立的碳排放强度GM（1，1）模型可用于中长期预测。根据GM（1，1）模型离散解 $\hat{y}^{(1)}(k)$ 可以分别计算出模拟还原值，其计算结果可见表2.22。

表2.22 能源消费碳排放强度实际值与模拟还原值的误差

年份	实际值	模拟还原值	残差	相对误差
1994	2.05	2.05	0.00	0.00
1995	1.99	1.77	0.22	0.11
1996	1.90	1.72	0.18	0.10

续表

年份	实际值	模拟还原值	残差	相对误差
1997	1.73	1.67	0.06	0.03
1998	1.53	1.63	-0.10	0.06
1999	1.43	1.58	-0.15	0.10
2000	1.38	1.54	-0.16	0.11
2001	1.31	1.49	-0.18	0.14
2002	1.27	1.45	-0.18	0.14
2003	1.34	1.41	-0.07	0.05
2004	1.41	1.37	0.04	0.03
2005	1.42	1.33	0.09	0.06
2006	1.39	1.30	0.09	0.07
2007	1.29	1.26	0.03	0.02
2008	1.22	1.23	-0.01	0.01
2009	1.17	1.19	-0.02	0.02
2010	1.14	1.16	-0.02	0.02
2011	1.14	1.13	0.01	0.01
2012	1.10	1.10	0.00	0.00
2013	1.25	1.07	0.18	0.15

（2）模型检验及预测。根据前面得到的模拟还原值，分别计算出其与实际值的残差和相对误差，计算结果见表2.22，进而计算平均相对误差为0.065，参照表2.19可判断其检验精度为三级。均方差比值为0.26，参照表2.19可知后验差检验精度为一级；小误差概率等于1，检验精度为一级；实际值序列与模拟还原值序列的灰色绝对关联度为0.996 5，检验精度为一级。

通过以上检验过程可以看到，除相对误差的检验精度为三级外，均方差比值、小误差概率和关联度的检验精度均为一级，模型精度较高，能够通过检验，可以对中国未来的能源消费碳排放强度进行预测。表2.23中列出了中国2017—2020年能源消费碳排放强度的预测值。

表2.23 2017—2020年中国能源消费碳排放强度预测值 万吨/亿元

年份	2017	2018	2019	2020
预测值	0.95	0.93	0.90	0.87

根据GM（1，1）模型预测，在保持现状的情况下，中国的能源消费碳排放强度在未来会持续降低，到2020年预计会降至0.87万吨/亿元，相比于2005年

的碳排放强度会下降38.73%。这意味着中国在保持现有的工业化和城市化发展速度，以及当前的能源利用技术和减排技术进步速度的情况下，不需要进一步的调整，到2020年也可以基本实现中国政府在2009年哥本哈根世界气候大会上承诺的减排目标，即到2020年实现单位GDP碳排放比2005年下降40%～50%。所以，笔者认为，中国在实现碳减排和低碳经济发展过程中，应重点考虑和分析的指标变量不是碳排放强度，而是人均碳排放。因而，碳排放强度指标变量不是本书的碳排放影响因素分析和研究的重点，本书基于能源消费的中国碳排放影响因素，将主要围绕人均碳排放指标变量展开研究。

2.3 本章小结

本章内容主要包括两个方面：

（1）对1994—2013年中国的能源消费特征进行描述性统计分析。首先，通过对中国能源消费的产业结构和种类结构的变化趋势分析，说明中国能源消费的结构特征。其次，对中国产业结构、能源消费强度和能源消费弹性系数的变化特征分析表明，20年来，中国各项节能政策措施的有效实施，带来了科学技术水平和能源利用效率一定程度的提高，但仍存在进一步提高的空间，而且在产业结构和能源消费结构的调整与优化方面尚需努力。

（2）对中国基于能源消费而产生的碳排放进行了测算分析。第一，介绍了碳排放的概念和能源消费碳排放量的常用测算方法，并指出了本书将主要采用的能源消费碳排放量测算方法。第二，对1994—2013年中国能源消费碳排放总量指标、人均碳排放量指标和碳排放强度指标的变化特征进行了分析，从1994—2013年的总体变化特征看，中国能源消费人均碳排放量与碳排放总量的增长和变化趋势基本一致，呈不断增加态势，而碳排放强度基本呈逐步下降趋势。第三，从碳排放总量、人均碳排放和碳排放强度指标的角度，将中国与“G8+5”国家中的其他国家1992—2013年的变化特征进行横向对比分析，说明目前中国的碳排放面临的国际形势：碳排放总量持续维持在一定高度并可能在未来一定时期内继续高居世界首位；中国作为发展中国家和人口超级大国，人均碳排放量在2002年以前一直较低，但近年来增幅较大并超过了一些欧洲发达国家；从绝对值的横向对比看，截至2013年，中国的碳排放强度在“G8+5”国家中最高，而从变化趋势看，1992—2013年中国的碳排放强度下降了近1/2，这一下降速度高于“G8+5”中的所有国家。第四，采用灰色系统预测模型中的GM（1，1）模型对中国能源消费人均碳排放量和碳排放强度进行了预测，根据对两个指标变量预测结果的分析，作者认为，中国在实现碳减排和低碳经济发展过程中，应重点考虑和分析的指标变量不是碳排放强度，而是人均碳排放，因而，本书将主要围绕人均碳排放展开其影响因素研究。

3 中国能源消费碳排放影响因素研究

碳排放各项影响因素的确定必须以理论分析和相应的实证验证为基础和前提，在总结学者对碳排放影响因素分析的基础上，考虑能源消费强度、能源消费结构、产业结构、经济发展水平以及人口规模和人口城市化对碳排放的影响，并在此基础上利用更为科学的统计方法对其进行实证分析，可以为中国能源消费碳排放影响因素研究，提供更为可靠的研究思路以及理论和实证基础支撑。本章基于改进的可拓展随机环境影响评估模型，首先对碳排放影响因素的作用机理进行分析，然后使用目前在国内研究中应用较少的非线性格兰杰因果检验中的 D－P 检验，构建“线性格兰杰因果检验—非线性动态变化趋势检验—非线性格兰杰因果检验”的检验框架，对中国能源消费人均碳排放与影响因素间的具体关系进行逐步的检验，进而通过构建改进的可拓展随机环境影响评估模型对各项影响因素进行实证分析，最后采用灰色关联度分析方法对前面的理论分析、实证检验与分析结果进行进一步的验证，从而为后面各章的分析提供可靠的基础和前提。

3.1 碳排放影响因素分析的理论基础

3.1.1 改进的可拓展随机环境影响评估模型

美国斯坦福大学教授埃尔利希等（Ehrlich et al.，1971）[232]将人类各种社会经济活动对环境压力造成的影响加以概念化，首次提出了环境影响评估模型（IPAT 模型），其表达式为：

$$I = PAT \tag{3-1}$$

其中，I，P，A，T 分别表示环境压力影响、人口规模、富裕程度、技术水平。该模型以极其简洁直观的形式，将环境压力影响与人口规模、富裕程度、技术水平三类影响因素巧妙地联系起来，即将环境压力影响表示为人口规模、富裕程度和技术水平的函数，在学术界得到了广大科研工作者的认可和应用。

迪茨等（Dietz et al.，1994）[233]对 IPAT 模型进行了修正，建立可拓展随机环境影响评估模型，将人口、富裕程度和技术水平给环境带来的影响以随机影响回归的形式表示，其模型表达式为：

$$I = a P^b A^c T^d \varepsilon \tag{3-2}$$

式中，I，P，A，T 的含义与 IPAT 模型中一致，a 为模型常数项，b，c，d 分

别为人口规模、富裕程度、技术水平的估计指数，ε 为模型随机误差项。从模型形式可以看出，当 $a = b = c = d = 1$ 时，STIRPAT 模型与 IPAT 模型等价，引入估计指数使得 STIRPAT 模型可以用来分析各因素对环境的非同比例影响。

如果对 STIRPAT 等式两边取对数，则可以将环境压力与各影响因素间的关系转化为线性关系，即：

$$\ln I = \ln a + b\ln P + c\ln A + d\ln T + \ln \varepsilon \tag{3-3}$$

式（3-3）中，回归系数 b，c，d 表现为环境压力与各影响因素之间的弹性系数，即某影响因素增加1%所导致的环境压力变化的百分比。该模型及其各种扩展形式在国内外的碳排放研究中得到了广泛应用。

在经典的 IPAT 模型和 STIRPAT 模型中将 P 仅定义为人口规模，表明在其他条件不变的情况下，人口规模越大则对环境产生的影响也会越大。然而，许多研究表明（Chung，2004；Cole et al.，2004[234]；York，2007；Dalton et al.，2008），除了人口规模以外，人口城市化也会对碳排放等环境问题带来重要影响，因此，在本章的分析中将人口城市化作为另一重要人口因素纳入 STIRPAT 模型。此外，以能源消费强度、能源消费结构和产业结构三类因素来表示技术水平 T，以经济发展水平作为衡量富裕程度的标志，以碳排放水平表示环境压力影响。为了体现在利用能源和寻求发展、享有碳排放权利，以及承担碳减排义务等方面的人际公平，在分析中国碳排放水平问题时，使用人均碳排放的概念，因此，需要在 STIRPAT 模型等式右边相应地去掉人口规模因素。同时，由于碳排放与以上各影响因素之间并不一定为线性关系，具体关系需要根据具体数据的统计性质才能予以假定，基于此，这里暂时将人均碳排放水平与各影响因素之间假定为非线性函数形式，改进后 STIRPAT 模型的一般表达式为：

$$\ln CP = f_1(\ln EI) + f_2(\ln ECS) + f_3(\ln IS) + f_4(\ln ED) + f_5(\ln UB) + \varepsilon \tag{3-4}$$

式（3-4）中，CP 代表人均碳排放，EI 代表能源消费强度，ECS 代表能源消费结构，IS 代表产业结构，ED 代表经济发展水平，UB 代表人口城市化水平；$f_i(i = 1,2,3,4,5)$ 表示非线性函数形式，ε 仍表示为模型误差项。

3.1.2 碳排放影响因素的作用机理分析

通过改进的 STIRPAT 模型可以得到碳排放影响因素，包括能源消费强度、能源消费结构、产业结构、经济发展水平、人口规模和人口城乡结构等，这里有必要从作用机理理论角度详细分析以上各因素是如何对碳排放产生影响的。

3.1.2.1 能源消费强度

能源消费强度是对比不同国家和地区能源综合利用效率和能源利用技术水平的常用指标之一，作为单位生产总值的能源消费量，体现了一个国家或地区能源利用的经济效益和其经济发展对能源的依赖程度。技术进步带来的工业生产效率大幅度提升，以及能源消费结构和产业结构的优化调整，均可使相同的产出水平只需投入和消费更少的能源，从而可以产生抑制和降低能源消费碳排放的作用。王等（2005）对中国1957—2000年的碳排放影响因素进行分析，得出减少碳排放的重要因素是代表技术因素的能源强度的下降；林伯强等（2009）的研究结论是，能耗强度作为重要影响因素之一对中国人均碳排放具有重要影响；蒋金荷（2011）对中国1995—2007年碳排放相关数据的研究表明，能源强度是碳排放量变化的第二重要影响因素。

3.1.2.2 能源消费结构

在能源消费总量既定的条件下，具有不同碳排放系数的各种能源所占比重的不同决定了碳排放量的大小不同，因此，各种消费能源的构成及其所占比重关系，即能源消费结构的变动必然会对碳排放变化产生影响。徐国泉等（2006）的定量分析结果显示，能源结构作为抑制因素对中国人均碳排放贡献率呈“倒U”形趋势；林伯强等（2009）的研究分析表明，能源结构也是影响中国人均碳排放的重要影响因素之一；唐建荣等（2011）对中国1995—2009年面板数据进行实证分析得出，能源结构是对碳排放强度产生较强影响的因素之一。

3.1.2.3 产业结构

在三次产业中，第二产业是高能源消费产业，单位第二产业产值的碳排放水平是最高的。产业结构的优化调整，即第三产业在总产值中所占比重不断上升成为主导性产业，而高能耗的第二产业比重相应下降，使得社会经济生产方式更为“清洁”，会带来能源消费强度和碳排放的降低。朱勤等（2009）分析得到的结果是，产业结构对中国现阶段碳排放具有显著正效应；邹秀萍等（2009）基于中国1995—2005年30个省域的面板数据分析，认为第二产业产值比重与地区碳排放间呈“N”形曲线关系；蒋金荷（2011）则得出产业结构是碳排放量变化的第三重要影响因素。

3.1.2.4 经济发展水平

根据著名的“倒U”形环境库兹涅茨曲线，经济发展所处的阶段决定经济发展对碳排放产生效应的正负。目前，中国正处在经济发展的工业化阶段，经济结构仍以能源密集型产业为主，经济增长对能源消费的依赖程度较高，经济的高速运转是以高能耗和牺牲环境为代价的，即人均收入越高，产生的二氧化碳越多，环境质量越差。阿佐玛豪（2006）的实证分析证明，人均碳排放与人均GDP存在正相关关系；张等（2009）通过研究得出，中国经济发展对主要经济部门碳排放具有正效应；刘帅等（2011）的实证分析也发现，经济增长与碳排放呈正相关关系。

3.1.2.5　人口规模和人口城市化

人口规模对碳排放所产生的影响显而易见，人口规模的持续增长势必会扩大人类活动的规模，从而增加环境和能源消费等方面的压力，能源消费量的进一步增大导致了碳排放量的增加。人口城市化水平是衡量一个国家或地区社会经济发展水平的重要标志之一。在经济发展的工业化进程中，对传统高污染能源的利用与消费仍然占据着城镇居民的主要生活和生产活动。城市化实际上是衡量农业人口向城镇人口转化的指标，意味着居民原有的生产和消费方式的转变，其必然会导致能源消费和碳排放的增加。达尔顿等（2008）提出，城市化等人口相关因素将会影响到未来的碳排放量；朱勤等（2009）的分析结果表明，人口规模对中国现阶段碳排放具有显著正效应；朱勤等（2010）又分析得出，人口城市化率、人口规模等对中国碳排放量变化的影响较为明显；唐建荣等（2011）的分析还表明，城市化也是对碳排放强度产生较强影响效果的因素之一；张传平等（2012）分析得出，人口、城镇化水平均与碳排放存在长期的均衡关系。

3.2　碳排放与其影响因素间的关系研究

目前，在国内的应用研究领域，尤其是能源消费和碳排放研究领域，非线性格兰杰因果检验方法的应用很少。引入非线性格兰杰因果检验方法，构建“线性格兰杰因果检验—非线性动态变化趋势检验—非线性格兰杰因果检验”的检验框架，可以逐步对碳排放与其影响因素间的具体关系进行系统全面的检验，从而确定碳排放与哪些因素存在影响关系，与哪些因素存在线性影响关系，而又与哪些因素存在非线性影响关系，为碳排放影响因素具体模型设定奠定实证检验基础。

3.2.1　线性格兰杰因果检验

格兰杰（1969）提出了线性格兰杰因果检验方法，解决了一个时间序列是否引起另一个时间序列的问题，主要观察一个时间序列滞后值（历史信息）的加入是否使对另一时间序列的解释程度提高。如果一个时间序列在对另一时间序列的预测中有帮助，则称后者是由前者格兰杰引起的；否则，后者就不是由前者格兰杰引起的。

线性格兰杰因果检验可以通过检验一个变量的滞后变量，是否可以引入有关其他被解释变量的方程中实现。比如，在 VAR 模型中对两个时间序列进行线性格兰杰因果关系检验：

$$Y_t = c_1 + \sum_{i=1}^{p} \alpha_i Y_{t-i} + \sum_{j=1}^{p} \beta_j X_{t-j} + \eta_{1t} \tag{3-5}$$

$$X_t = c_2 + \sum_{i=1}^{p} \varphi_i X_{t-i} + \sum_{j=1}^{p} \gamma_j Y_{t-j} + \eta_{2t} \tag{3-6}$$

式（3-5）和式（3-6）中，X_t 和 Y_t 为两个平稳时间序列变量，时期 $t=1,2,\cdots,T$，α，β，φ，γ 为被估计参数，p 为滞后阶数，η_{1t} 和 η_{2t} 为残差序列。当且仅当参数 β_j（$j=1,2,\cdots,p$）全部等于0时，变量 X 外生于变量 Y，即变量 Y 不是由变量 X 线性格兰杰引起的。可以使用F-检验判断变量 Y 是否由变量 X 线性格兰杰引起，

$$H_0: \beta_j = 0$$

$$j = 1,2,\cdots,p \tag{3-7}$$

统计量

$$Z_1 = \frac{(SSE_0 - SSE_1)/p}{SSE_1/(T-2p-1)} \sim F(p, T-2p-1) \tag{3-8}$$

服从 F 分布。若 Z_1 大于 F 临界值，则拒绝原假设，即变量 Y 是由变量 X 线性格兰杰引起的；否则不能拒绝原假设。其中，SSE_1 是式（3-5）的残差平方和，SSE_0 是式（3-5）不含 X 的滞后变量时的残差平方和。

式（3-5）不含 X 的滞后变量时可以表示为：

$$Y_t = \sum\nolimits_{i=1}^{p} \alpha_i Y_{t-i} + \tilde{\eta}_{1t} \tag{3-9}$$

残差平方和分别为：

$$SSE_1 = \sum\nolimits_{t=1}^{T} \hat{\eta}_{1t}^2 \tag{3-10}$$

和

$$SSE_0 = \sum\nolimits_{t=1}^{T} \hat{\tilde{\eta}}_{1t}^2 \tag{3-11}$$

在高斯分布假定下，统计量 Z_1 具有精确的 F 分布。一个渐近的等价检验统计量为：

$$Z_2 = \frac{T(SSE_0 - SSE_1)}{SSE_1} \sim \chi^2(p) \tag{3-12}$$

如果 Z_2 大于 χ^2 临界值，则拒绝原假设，即变量 Y 是由变量 X 线性格兰杰引起的；否则不能拒绝原假设。

线性格兰杰因果检验为变量间线性关系的建立提供了基础。然而，当时间序列变量呈非线性趋势时，则以上VAR模型线性检验方法可能会导致分析结论出现偏差，因此，需要对时间序列变量进行非线性因果关系检验。

3.2.2 非线性动态变化趋势检验

3.2.2.1 BDS检验

布洛克等（Brock，Dechert，Scheinkman，et al.，1996）[235]在关联积分的基础上提出跨期空间概率的统计量，即BDS统计量，来检验某时间序列是否独立同分布。

关联积分表示某时间序列中，点对点的距离不超过带宽 e 的数量在所有点对点数量中所占的比率，其实质是一种空间相关性的测度。给定一个平稳时间序列 W_t，其关联积分表达式为：

$$C_{V,n}(e) = \frac{1}{\binom{n}{2}} \sum \sum_{i<j} I_{ij}^V \qquad (3-13)$$

其中，$I_{ij}^V = I(\|V_i - V_j\| < e)$，为示性函数，当满足条件 $\|V_i - V_j\| < e$ 时，$I_{ij}^V = 1$；否则，$I_{ij}^V = 0$。$\|\cdot\|$ 为最大范数，在本书中 $\|V_i - V_j\|$ 为两个点间的欧式空间距离；e 为带宽，n 为总样本数量，平稳时间序列 W_t 可以分为 n 个 m 维的子样本 V。

BDS 检验统计量定义如下：

$$\text{BDS}(m,n,e) = \sqrt{n}(C_{V,n,m}(e) - C_{V,n,1}(e)^m)/\sigma_m(e) \qquad (3-14)$$

式（3－14）中，$C_{V,n,m}(e)$ 和 $C_{V,n,1}(e)$ 分别表示子样本 V 为 m 维和 1 维的关联积分 $C_{V,n}(e)$，$\sigma_m(e)$ 为 BDS 检验统计量的渐近分布标准差估计值。

使用 BDS 检验统计量进行判断：

$$\text{BDS}(m,n,e) \xrightarrow{d} N(0,1) \qquad (3-15)$$

其中，$\xrightarrow{d}$ 表示依分布收敛。如果 BDS 检验统计量不收敛于标准正态分布，则可以拒绝原时间序列独立同分布的假设，表明存在非线性结构。

BDS 检验统计量不能直接用于检验原时间序列存在非线性结构与否，然而可以通过构建 VAR 模型过滤掉线性关系后得到残差序列，进而使用 BDS 统计量对该残差序列进行检验，从而判断原时间序列是否存在非线性结构。

3.2.2.2　RESET 检验

拉姆齐（Ramsey，1969）[236] 针对经典的线性最小二乘回归模型提出一种新的检验思想——回归设定误差检验（RESET），用来检验模型方程中是否应包括可能被遗漏的二次项或高次项，该检验可作为一般性方法来检验是否存在模型误设定。

假定原经典线性回归模型为：

$$Y = \beta_0 + \sum_{i=1}^{k} \beta_i X_i + \mu \qquad (3-16)$$

如果其中某一或某些变量存在已知形式的二次项或高次项，则可以在式（3－16）中直接添加其二次项或高次项形式，且可以通过 t－检验判断其显著性或通过F－检验判断其联合显著性。然而，如果二次项或高次项的解释变量很多时，该做法就会损失大量的自由度。

回归设定误差检验考虑将式（3－16）扩展为：

$$Y = \beta_0 + \sum_{i=1}^{k} \beta_i X_i + \sum_{j=2} \delta_j \hat{Y}^j + \mu \qquad (3-17)$$

使用 F－检验判断其联合显著性，

$$H_0: \delta_j = 0$$
$$j = 2,3,\cdots \quad (3-18)$$

若 F－检验的统计量值大于 F 临界值，则拒绝原假设，即原模型中遗漏了解释变量的二次项或高次项；否则不能拒绝原假设。

3.2.3　非线性格兰杰因果检验

3.2.3.1　H－J 非线性格兰杰因果检验

当时间序列存在非线性变化趋势时，仅使用线性因果检验方法考察变量间的因果关系可能会导致研究结果的不准确。贝克和布洛克（Baek & Brock，1992）基于空间概率测度中的关联积分概念，提出了一种非参数统计方法用于考察变量间的非线性因果关系。希姆斯特拉和琼斯（Hiemstra & Jones，1994）对贝克—布洛克方法进行了改进，放松了其中的独立同分布假定，而允许变量间存在弱相关关系，形成了修正的贝克—布洛克方法，被迪克斯和潘钦科（Diks & Panchenko，2006）称为希姆斯特拉—琼斯（Hiemstra－Jones）检验（H－J 检验）。

假定 Y_t，X_t，Z_t 为平稳时间序列，定义 Z_t^k 为 k 阶超前向量矩阵，$Z_t^k = (Y_t, Y_{t+1}, \cdots, Y_{t+k-1})$，其中 $k = 1,2,\cdots, t = 1,2,\cdots$；$Y_t^{l_Y}$ 为 Y_t 的 l_Y 阶滞后向量矩阵，$Y_t^{l_Y} = (Y_{t-l_Y}, Y_{t-l_Y+1}, \cdots, Y_{t-1})$，其中 $l_Y = 1,2,\cdots$，$t = l_Y + 1, l_Y + 2, \cdots$。同理，$X_t^{l_X}$ 为 X_t 的 l_X 阶滞后向量矩阵，$X_t^{l_X} = (X_{t-l_X}, X_{t-l_X+1}, \cdots, X_{t-1})$，其中 $l_X = 1,2,\cdots$，$t = l_X + 1, l_X + 2, \cdots$。

原假设为“ X_t 不是 Y_t 的格兰杰原因”，在非参数环境下，原假设等价于：

$$Z_t^k/(X_t^{l_X}; Y_t^{l_Y}) \sim Z_t^k/Y_t^{l_Y} \quad (3-19)$$

将式（3－19）以概率密度的形式可以重新表述为：

$$f_{X_t^{l_X}, Y_t^{l_Y}, Z_t^k}(x,y,z)/f_{X_t^{l_X}, Y_t^{l_Y}}(x,y) = f_{Y_t^{l_Y}, Z_t^k}/f_{Y_t^{l_Y}}(y) \quad (3-20)$$

以式（3－13）关联积分来表示，则由式（3－20）可以得到：

$$C_{V1,n}(e)/C_{V2,n}(e) = C_{V3,n}(e)/C_{V4,n}(e) \quad (3-21)$$

其中，向量矩阵 $V^1 = (X_t^{l_X}, Y_t^{l_Y}, Z_t^k)$，$V^2 = (X_t^{l_X}, Y_t^{l_Y})$，$V^3 = (Y_t^{l_Y}, Z_t^k)$，$V^4 = (Y_t^{l_Y})$。因此，检验原假设是否成立的条件可以转化为检验以下式（3－22）是否成立：如成立，则接受原假设；否则，拒绝原假设，表明 X_t 是 Y_t 的非线性格兰杰原因。

$$\sqrt{n}\{C_{V1,n}(e)/C_{V2,n}(e) - C_{V3,n}(e)/C_{V4,n}(e)\} \xrightarrow{d} N(0, \sigma^2(k, l_X, l_Y)) \quad (3-22)$$

其中，$\xrightarrow{d}$ 表示依分布收敛，$\sigma^2(k, l_X, l_Y)$ 表示渐近分布方差。

3.2.3.2　D－P 非线性格兰杰因果检验

迪克斯和潘钦科（Diks & Panchenko，2006）指出了 H－J 检验中存在的问题，在原假设或式（3－20）成立的条件下，可以得到条件概率等式：

$$\begin{aligned} & P[\|Z_1^k - Z_2^k\| < e / X_1 = X_2 = x, Y_1 = Y_2 = y] \\ & = P[\|Z_1^k - Z_2^k\| < e / Y_1 = Y_2 = y] \end{aligned} \quad (3-23)$$

其中，$P[\cdot]$ 表示概率函数，$\|\cdot\|$ 仍表示两个点间的欧式空间距离。而式（3－21）以条件概率的形式表示为：

$$\begin{aligned} & P[\|Z_1^k - Z_2^k\| < e / \|X_1^{l_X} - X_2^{l_X}\| < e, \|Y_1^{l_Y} - Y_2^{l_Y}\| < e] \\ & = P[\|Z_1^k - Z_2^k\| < e / \|Y_1^{l_Y} - Y_2^{l_Y}\| < e] \end{aligned} \quad (3-24)$$

一般情况下，式（3－23）与式（3－24）不是等价的，因此，由式（3－20）得出式（3－21）只是在特定条件下才成立，而不是一般情况。基于此，H－J 检验可能存在过度拒绝问题，即可能会把“不存在非线性格兰杰原因”的变量间关系检验得出的结果为“存在非线性格兰杰原因”。

根据迪克斯和潘钦科提出的 D－P 非线性格兰杰因果检验，在保持 H－J 检验的各项假定、定义和原假设的基础上①，原假设的暗含含义可以表示为：

$$\begin{aligned} q \equiv E\{ & [f_{X_t^{l_X}, Y_t^{l_Y}, Z_t^k}(x,y,z) / f_{Y_t^{l_Y}}(y) - (f_{X_t^{l_X}, Y_t^{l_Y}}(x,y) / f_{Y_t^{l_Y}}(y)) \cdot \\ & (f_{Y_t^{l_Y}, Z_t^k}(y,z) / f_{Y_t^{l_Y}}(y))] g(X_t^{l_X}, Y_t^{l_Y}, Z_t^k)\} = 0 \end{aligned} \quad (3-25)$$

令正权重函数 $g(X_t^{l_X}, Y_t^{l_Y}, Z_t^k) = f_{Y_t^{l_Y}}^2(y)$，则式（3－25）可以表述为：

$$q \equiv E[f_{X_t^{l_X}, Y_t^{l_Y}, Z_t^k}(x,y,z) f_{Y_t^{l_Y}}(y) - f_{X_t^{l_X}, Y_t^{l_Y}}(x,y) f_{Y_t^{l_Y}, Z_t^k}(y,z)] = 0 \quad (3-26)$$

以随机向量的局部密度估计量为基础，可以构造 T_n 的简化统计量进行非线性格兰杰因果检验，即：

$$T_n(e) = \frac{(n-1)}{n(n-2)} \sum_i [\hat{f}_{X_t^{l_X}, Y_t^{l_Y}, Z_t^k}(x_i, y_i, z_i) \hat{f}_{Y_t^{l_Y}}(y_i) - \hat{f}_{X_t^{l_X}, Y_t^{l_Y}}(x_i, y_i) \hat{f}_{Y_t^{l_Y}, Z_t^k}(y_i, z_i)] \quad (3-27)$$

检验原假设是否成立的条件可以转化为检验 T_n 统计量是否收敛于正态分布，即式（3－28）是否成立：如成立，则接受原假设；否则，拒绝原假设，表明 X_t 是 Y_t 的非线性格兰杰原因。

$$A_n = \sqrt{n} \frac{(T_n(e) - q)}{S_n} \xrightarrow{d} N(0,1) \quad (3-28)$$

其中，S_n^2 表示 $T_n(e)$ 渐近分布方差的估计值。

3.2.3.3 带宽的选择

迪克斯和潘钦科在提出 D－P 检验的同时，又提出了在应用中最佳带宽选择遵循：

① 将迪克斯和潘钦科原设定的 $l_X = l_Y = k = 1$ 情况扩展到一般情况讨论。

$$e_n = \min(C n^{-2/7}, 1.5) \tag{3-29}$$

其中，$C^* \simeq 8$。随着样本数据容量 n 增大，$C n^{-2/7}$ 递减，当样本数据容量 $n > 350$ 时，选择到的带宽才开始小于1.5。对于一般的年度数据而言，样本容量达到 $n \geqslant 350$ 是十分困难的，因而，按照迪克斯和潘钦科提出的最佳带宽选择原则，在一般的年度样本数据变量分析时，最佳带宽应选择 $e_n = 1.5$。刘华军等（2016）和欧阳强等（2016）在使用非线性格兰杰因果检验方法，分析年度样本数据变量间的关系时均选取 $e_n = 1.5$ 的带宽。然而，在实际应用中，对于许多样本数据变量分析而言，选取 $e_n = 1.5$ 的带宽明显过大，会导致计算的所有空间概率值均为1，从而使得检验方法失效。因此，对于较少量的样本数据变量分析，使用迪克斯和潘钦科提出的最佳带宽选择方法应受质疑。

鲍威尔等（Powell et al.，1996）[237] 提出的方法将最佳带宽选择建立在数据的分布性质、所选择空间中点的维度和样本容量三者结合的基础上。作者认为，该方法在实际应用中更为合理，因此，在分析碳排放及其影响因素年度数据时，应采用鲍威尔等提出的最佳带宽选择方法。根据鲍威尔等的进一步研究分析，在数据满足高斯分布的假设下，近似的平均密度最佳带宽为：

$$e_{(m,n)} = \left(\frac{8}{m}\right)^{\frac{1}{m+4}} \left(\frac{1}{n}\right)^{\frac{2}{m+4}} \tag{3-30}$$

其中，m 为所选择空间中点的维度，n 为样本容量。

3.2.4　实证研究结果及分析

3.2.4.1　数据的来源与说明

为了保证各项检验的准确性，采用尽可能长期的时间序列数据，同时鉴于美国橡树岭国家实验室二氧化碳信息分析中心发布的世界各国和地区的年度碳排放数据在国际上已得到广泛认可和应用，本章选取其发布的化石能源（煤炭、石油、天然气等）消费所产生的碳排放量数据作为中国能源消费碳排放总量数据，时间区间取1953—2013年；1953—1959年的中国逐年人口数据选自Populstat网络数据库，1960—2013年的中国逐年人口数据选自世界银行人口数据库。综合以上选取的数据计算得到1953—2013年的中国能源消费人均碳排放数据（万吨/万人）。

在碳排放影响因素的指标选取方面，能源消费强度以中国历年能源消费总量与其实际GDP产值之比（万吨标准煤/亿元）表示，能源消费结构用碳排放系数较高的煤炭占能源消费总量的比重表示，产业结构以第二产业占GDP的比重表示，经济发展水平用人均GDP表示，人口城市化以城镇人口占总人口比重表示。其中，1953—2008年的能源消费总量数据、煤炭消费占能源消费总量比重数据、第二产业占GDP比重数据、GDP产值数据、人口总量数据和城镇人口数据来自

《新中国六十年统计资料汇编 1949—2008》，2009—2013 年的以上各类数据来自历年《中国统计年鉴》，GDP 按照 1952 年不变价格计算以剔除价格因素变动的影响，能源消费强度和人均 GDP 指标均按 1952 年不变价格的实际 GDP 进行计算。

以上人均碳排放及其各影响因素指标均进行对数变换，即以 ln *CP*，ln *EI*，ln ECS，ln *IS*，ln *ED*，ln *UB* 分别表示人均碳排放、能源消费强度、能源消费结构、产业结构、经济发展水平和人口城市化水平。

3.2.4.2　单位根检验

在进行实证分析前，为了避免数据的非平稳性不符合各检验的要求，以及所建立的模型可能会出现伪回归等诸多问题，首先需要对人均碳排放及其各影响因素数据进行平稳性检验，即单位根检验，本书采用传统的 ADF 平稳性检验方法，检验结果如表 3.1 所示。单位根检验结果表明，ln *CP*，ln *EI*，ln ECS，ln *IS*，ln *ED*，ln *UB* 均为平稳的时间序列，即为 0 阶单整。

表 3.1　1953—2013 年中国能源消费人均碳排放及其各影响因素数据的单位根检验结果

检验变量	差分阶数	ADF 值	临界值			P 值	检验结果
			0.01	0.05	0.10		
ln *CP*	0	-4.729 9***	-4.121 3	-3.487 8	-3.172 3	0.001 7	平稳
ln *EI*	0	-3.679 1**	-4.127 3	-3.490 7	-3.173 9	0.031 9	平稳
ln ECS	0	-2.201 8**	-2.604 7	-1.946 4	-1.613 2	0.027 8	平稳
ln *IS*	0	-3.606 5***	-3.568 3	-2.921 2	-2.598 6	0.009 0	平稳
ln *ED*	0	-2.335 0**	-2.611 1	1.947 4	-1.612 7	0.020 3	平稳
ln *UB*	0	-4.427 3***	-4.140 9	-3.497 0	-3.177 6	0.004 5	平稳

注：*** 和 ** 分别表示在 1% 和 5% 的显著水平上拒绝序列存在单位根假设。

3.2.4.3　线性格兰杰因果检验

在各时间序列数据平稳性的基础上，基于 VAR 模型对人均碳排放分别与其各影响因素数据之间进行线性格兰杰因果检验，从而为人均碳排放与各影响因素间线性关系的建立提供实证分析基础，检验结果如表 3.2 所示。

表 3.2　中国能源消费人均碳排放与各影响因素间线性格兰杰因果关系检验结果

变量因果关系方向	滞后阶数	F 值	P 值	结论
ln *EI*→ln *CP*	2	7.166 8***	0.001 7	存在格兰杰因果关系
ln *CP*→ln *EI*	2	10.093 5***	0.000 2	存在格兰杰因果关系
ln ECS→ln *CP*	2	2.879 2*	0.064 8	存在格兰杰因果关系

续表

变量因果关系方向	滞后阶数	F值	P值	结论
ln *CP*→ln ECS	2	1.420 0	0.250 6	不存在格兰杰因果关系
ln *IS*→ln *CP*	2	2.887 8*	0.064 3	存在格兰杰因果关系
ln *CP*→ln *IS*	2	2.136 7	0.127 9	不存在格兰杰因果关系
ln *ED*→ln *CP*	2	6.118 5***	0.004 0	存在格兰杰因果关系
ln *CP*→ln *ED*	2	1.933 4	0.154 5	不存在格兰杰因果关系
ln *UB*→ln *CP*	1	3.326 2*	0.073 4	存在格兰杰因果关系
ln *CP*→ln *UB*	1	0.259 2	0.612 6	不存在格兰杰因果关系

注：*** 和 * 分别表示在1%和10%的显著水平上拒绝不是线性格兰杰原因的假设。

表3.2所列检验结果表明，1953—2013年，能源消费强度构成中国能源消费人均碳排放的线性格兰杰原因，相反也成立；能源消费结构、产业结构、经济发展水平和人口城市化水平四项因素也均是人均碳排放的线性格兰杰原因，而人均碳排放对这四项因素而言均未构成其线性格兰杰原因。说明能源消费强度、能源消费结构、产业结构、经济发展水平和人口城市化水平等因素的变化，均对中国能源消费人均碳排放的变化产生了线性影响，据此可以建立人均碳排放与这五种影响因素之间的线性回归模型。

3.2.4.4 变量间的非线性趋势检验

根据对1953—2013年中国人均碳排放与各影响因素之间的线性格兰杰因果检验实证分析结果，可以将改进后的STIRPAT模型一般表达式（3-4）描述为经典的多元线性回归形式。然而，表3.2的线性格兰杰因果检验结果仅说明各影响因素对人均碳排放存在线性影响，除此之外，各影响因素与人均碳排放是否还存在着非线性关系，则需要进一步检验。本书首先检验各影响因素变量与人均碳排放变量的非线性动态变化趋势，通过分别建立向量自回归模型（VAR模型）过滤掉人均碳排放与各影响因素间的线性关系，然后对经过线性关系过滤的各残差序列进行BDS和RESET两种方法检验，其非线性动态变化趋势检验结果如表3.3所示。

表3.3 中国能源消费人均碳排放与各影响因素间非线性动态变化趋势检验结果

基于VAR模型ln*CP*与ln*EI*的回归残差序列		基于VAR模型ln*EI*与ln*CP*的回归残差序列	
BDS检验	RESET检验	BDS检验	RESET检验
0.019 7	0.591 7	-9.45E-05	1.547 8
(0.154 5)	(0.445 1)	(0.970 4)	(0.219 3)

续表

基于 VAR 模型 ln *CP* 与 ln ECS 的回归残差序列		基于 VAR 模型 ln ECS 与 ln *CP* 的回归残差序列	
BDS 检验	RESET 检验	BDS 检验	RESET 检验
0.014 7	7.149 3 ***	0.052 4 ***	1.550 7
(0.272 6)	(0.009 9)	(0.000 0)	(0.218 2)
基于 VAR 模型 ln *CP* 与 ln *IS* 的回归残差序列		基于 VAR 模型 ln *IS* 与 ln *CP* 的回归残差序列	
BDS 检验	RESET 检验	BDS 检验	RESET 检验
0.035 6 ***	36.186 8 ***	0.035 6 **	3.414 4 *
(0.004 3)	(0.000 0)	(0.011 5)	(0.070 1)
基于 VAR 模型 ln *CP* 与 ln *ED* 的回归残差序列		基于 VAR 模型 ln *ED* 与 ln *CP* 的回归残差序列	
BDS 检验	RESET 检验	BDS 检验	RESET 检验
0.041 0 ***	0.704 1	0.047 5 ***	1.268 7
(0.004 0)	(0.405 1)	(0.008 0)	(0.265 4)
基于 VAR 模型 ln *CP* 与 ln *UB* 的回归残差序列		基于 VAR 模型 ln *UB* 与 ln *CP* 的回归残差序列	
BDS 检验	RESET 检验	BDS 检验	RESET 检验
0.007 4	0.200 1	-2.96E-05	2.333 8
(0.595 6)	(0.656 4)	(0.632 7)	(0.132 4)

注：①基于 VAR 模型 ln *CP* 与 ln *EI* 的回归残差序列指 VAR 模型中人均碳排放为被解释变量，能源消费强度为解释变量所得到的残差序列，其余相同；

②各 VAR 模型中最佳滞后阶数根据施瓦茨信息准则（SC）确定；

③括号中数值为所对应的 P 值；

④ ***，**，* 分别表示在 1%，5%，10% 的显著水平上拒绝原假设。

从表 3.3 的检验结果看，基于双变量 VAR 模型中以人均碳排放为被解释变量，能源消费强度为解释变量和以能源消费强度为被解释变量，人均碳排放为解释变量所得到的残差序列的 BDS 检验和 RESET 检验结果均不显著；人均碳排放与人口城市化水平互为被解释变量和解释变量所建立的双变量 VAR 模型的回归残差序列的 BDS 检验和 RESET 检验结果也均不显著。这说明人均碳排放与能源消费强度以及人均碳排放与人口城市化水平之间不存在非线性动态变化趋势，不具备进一步进行非线性格兰杰因果检验的前提，据此，结合前面的分析结果可知，1953—2013 年的能源消费强度和人口城市化水平因素仅对人均碳排放产生线性影响，而不存在非线性影响。

人均碳排放与产业结构互为被解释变量和解释变量的双变量 VAR 模型残差的 BDS 检验和 RESET 检验结果均呈现为显著；人均碳排放与经济发展互为被解

释变量和解释变量的BDS检验结果显著，但RESET检验结果不显著；以人均碳排放为被解释变量，能源消费结构为解释变量的VAR模型残差RESET检验结果显著，BDS检验结果不显著；而以能源消费结构为被解释变量，人均碳排放为解释变量而得的残差序列BDS检验结果显著，RESET检验结果不显著。说明人均碳排放与产业结构、经济发展和能源消费结构三种影响因素之间存在着一定的非线性动态变化趋势，可以对其进行非线性格兰杰因果检验，以确定这三种因素对人均碳排放是否还存在非线性影响，是否可以建立人均碳排放与其中某一个或某几个变量的非线性模型。

3.2.4.5 D－P检验

当变量间的时间序列数据呈现出非线性变化趋势时，传统的线性格兰杰因果检验将不能全面地展现出变量之间存在的关系，需要进行非线性格兰杰因果检验，从而为建立更为准确的模型提供实证分析基础。鉴于目前还未找到能够进行非线性格兰杰因果检验的软件，本书作者基于R语言编写了H－J检验和D－P检验的程序，以在R软件中对碳排放与相关因素进行非线性格兰杰因果检验，H－J检验和D－P检验的R语言程序见附录A。

由于H－J检验中存在过度拒绝问题，即得出的“存在非线性格兰杰原因”检验结果可能并不可靠。本书主要采用迪克斯和潘钦科提出的非参数D－P方法检验人均碳排放与产业结构、经济发展和能源消费结构三种影响因素之间是否存在非线性因果关系，因果关系的方向如何等。同时，本书采纳鲍威尔等提出的最佳带宽选择方法确定D－P检验中计算检验统计量时需要使用的带宽，即根据时间序列数据的统计分布性质，结合所选取的具体维度（即滞后阶数与超前阶数之和）和样本容量来确定具体需要使用的带宽。

本书采用柯尔莫可洛夫—斯米洛夫检验（K－S检验）和夏皮罗—威尔克检验（W检验）的检验方法，以及正态分布QQ图对1953—2013年的核心时间序列数据——取对数后的中国能源消费人均碳排放量，进行正态分布检验，检验结果如表3.4和图3.1所示。检验结果一致表明取对数后的中国能源消费人均碳排放量服从正态分布，因此可以根据式（3－30）计算选择恰当带宽。

表3.4 中国能源消费人均碳排放正态分布检验结果

检验变量	K－S检验			W检验		
	D值	P值	结论	W值	P值	结论
$\ln CP$	0.0672	0.9288	服从正态分布	0.9811	0.4663	服从正态分布

此外，在进行D－P检验时本书选取超前阶数 $k=1$ ，滞后阶数基于共同滞

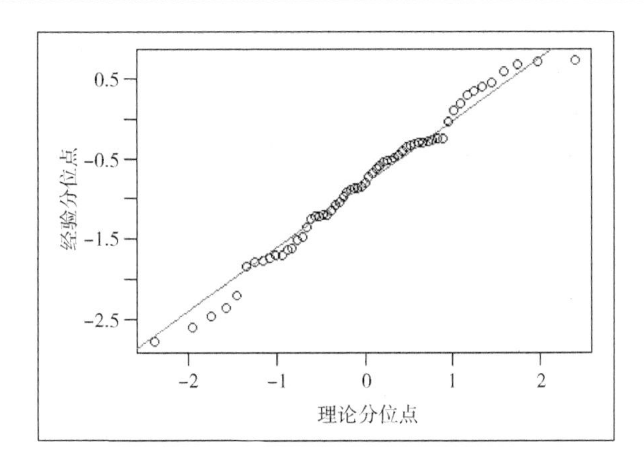

图 3.1 中国能源消费人均碳排放正态分布 QQ 图

后阶数分别选取 $l_X = l_Y = 1,2,\cdots,5$ ，D－P 检验结果如表 3.5 所示。“原假设：能源消费结构不是人均碳排放非线性格兰杰原因”中需使用的人均碳排放数据序列是指，所建立的双变量 VAR 模型中人均碳排放为被解释变量，能源消费结构为解释变量所得到的残差序列；能源消费结构数据序列是指，所建立的 VAR 模型中，能源消费结构为被解释变量，人均碳排放为解释变量所得到的残差序列。同理，“原假设：产业结构不是人均碳排放非线性格兰杰原因”中需使用的人均碳排放数据序列是指，所建立的双变量 VAR 模型中人均碳排放为被解释变量，产业结构为解释变量所得到的残差序列；产业结构数据序列是指，所建立的 VAR 模型中产业结构为被解释变量，人均碳排放为解释变量所得到的残差序列。表 3.5 中其余原假设中需使用的数据序列与以上两个原假设中的含义相同。

表 3.5 中国能源消费人均碳排放变量与能源消费结构、产业结构和经济发展变量间非线性格兰杰因果关系检验结果

$l_X = l_Y$	原假设：能源消费结构不是人均碳排放非线性格兰杰原因	原假设：产业结构不是人均碳排放非线性格兰杰原因	原假设：经济发展不是人均碳排放非线性格兰杰原因
	D－P 检验 A_n 统计量值	D－P 检验 A_n 统计量值	D－P 检验 A_n 统计量值
1	0.014 7	−2.983 6***	−0.102 4
2	−0.285 8	−1.987 1**	−0.272 7
3	−0.195 9	−3.174 1***	−1.320 8
4	0.112 7	−6.718 1***	−0.632 9
5	−1.584 8	−4.116 1***	−0.108 3

续表

$l_X = l_Y$	原假设：人均碳排放 不是能源消费结构 非线性格兰杰原因	原假设：人均碳排放 不是产业结构 非线性格兰杰原因	原假设：人均碳排放 不是经济发展 非线性格兰杰原因
	D－P 检验 A_n 统计量值	D－P 检验 A_n 统计量值	D－P 检验 A_n 统计量值
1	0	－0.786 5	－0.167 6
2	－0.080 1	－1.426 2	－0.416 5
3	－0.102 2	－0.474 3	－0.388 9
4	0	－0.811 0	－0.990 2
5	－0.310 9	－1.251 5	－0.225 0

注：① $l_X = l_Y$ 表示 D－P 检验中的滞后阶数；

② ***，**，* 分别表示在 1%，5%，10% 的显著水平上拒绝“A_n 统计量服从标准正态分布”的假设，即拒绝原假设。

表 3.5 的检验结果显示，各原假设基于各阶共同滞后阶数的研究结果表现为一致，说明表 3.5 中的 D－P 检验结果稳健可靠。从结果可以看出，产业结构变动是中国能源消费人均碳排放变化的非线性格兰杰原因，且影响时间较长远，而不存在反向的非线性格兰杰因果关系；能源消费结构和经济发展均不是人均碳排放的非线性格兰杰原因，同时反向的非线性格兰杰因果关系亦不存在。仅存在从产业结构变动到人均碳排放变化的单向非线性因果关系，说明产业结构因素中存在着促使中国能源消费人均碳排放增加的非线性动因，在模型设定方面应该设立人均碳排放与产业结构之间的非线性关系模型；而能源消费结构和经济发展因素不存在对人均碳排放的非线性影响，结合前面的线性格兰杰因果检验结果，以上两因素只应对人均碳排放存在单向线性影响。

3.3 基于二次项模型的碳排放影响因素实证分析

3.3.1 模型建立

本章第 3.1 节将改进后的 STIRPAT 模型设定为一般形式，即在模型中并未设定各影响因素的具体函数形式。根据前面对 1953—2013 年中国能源消费碳排放及其相关影响因素的实证分析得出的线性格兰杰因果检验、非线性动态变化趋势检验和 D－P 检验结果显示：

首先，能源消费强度和能源消费人均碳排放构成双向线性格兰杰因果关系，而能源消费结构、产业结构、经济发展水平和人口城市化水平四项因素，构成中国能源消费人均碳排放的单向线性格兰杰原因，据此可以判断，能源消费强度、能源消费结构、产业结构、经济发展水平和人口城市化水平五项，以改进的 STIRPAT 模型为理论基础而分析得出的影响因素，对中国能源消费人均碳排放产生线性影响，具备了构建人均碳排放与此五项相关影响因素间线性回归模型的实证基础。

其次，尽管非线性动态变化趋势检验中的 BDS 检验和 RESET 检验实证结果表明产业结构、经济发展和能源消费结构与中国能源消费人均碳排放之间存在着一定的非线性动态变化趋势，即这三种影响因素对人均碳排放存在着非线性影响，然而，进一步的非线性格兰杰因果检验—D－P 检验实证结果显示，仅存在从产业结构变动到人均碳排放变化的单向非线性格兰杰原因，而能源消费结构和经济发展与人均碳排放之间在双向上均不存在非线性格兰杰因果关系，据此，应该在所构建的人均碳排放与五种相关影响因素的线性回归模型基础上，进一步融入产业结构因素与人均碳排放的非线性关系模型。

本书在综合前述各类检验结果的基础上，分别建立中国能源消费人均碳排放二次项模型和三次项模型进行估计和比较，尝试对以式（3－4）表示的改进的 STIRPAT 模型形式进行具体化。其中，将产业结构与人均碳排放的非线性关系分别构建为二次项和三次项形式，其余因素与人均碳排放关系仍为线性形式：

$$\ln CP = a + \beta_1 \ln EI + \beta_2 \ln \mathrm{ECS} + \beta_3 \ln ED + \beta_4 \ln UB + \beta_5 \ln IS + \beta_6 (\ln IS)^2 + \varepsilon \tag{3-31}$$

$$\ln CP = a + \beta_1 \ln EI + \beta_2 \ln \mathrm{ECS} + \beta_3 \ln ED + \beta_4 \ln UB + \beta_5 \ln IS + \beta_6 (\ln IS)^2 + \beta_7 (\ln IS)^3 + \varepsilon \tag{3-32}$$

式（3－31）和式（3－32）中，以中国能源消费人均碳排放的自然对数为被解释变量，用 $\ln CP$ 表示；分别以能源消费强度、能源消费结构、经济发展水平、人口城市化水平和产业结构指标的自然对数项，以及产业结构自然对数的平方项和立方项作为解释变量，分别用 $\ln EI$，$\ln \mathrm{ECS}$，$\ln ED$，$\ln UB$，$\ln IS$ 以及 $(\ln IS)^2$ 和 $(\ln IS)^3$ 表示；β_i（$i = 1,2,\cdots,7$）为模型中各解释变量的系数，a 和 ε 分别为模型常数项和误差项。

3.3.2　实证分析结果

本书同时基于改进的 STIRPAT 模型建立中国能源消费人均碳排放经典线性模型：

$$\ln CP = a + \beta_1 \ln EI + \beta_2 \ln \mathrm{ECS} + \beta_3 \ln ED + \beta_4 \ln UB + \beta_5 \ln IS + \varepsilon \tag{3-33}$$

其中，各变量指标含义与式（3－31）和式（3－32）相同。采用普通最小二乘估计方法分别对所建立的二次项模型、三次项模型和经典线性模型进行估计并比较，其估计结果见表 3.6。在估计时，各解释变量和被解释变量指标和数据的选取与3.2.4节实证分析时指标和数据的选取相同：中国能源消费人均碳排放数据采用中国能源消费碳排放总量数据除以中国人口总量计算而得，数据来源于美国橡树岭国家实验室二氧化碳信息分析中心发布的中国化石能源（煤炭、石油、天然气等）消费所产生的碳排放量数据，选取的时间区间为1953—2013年，人口总量数据分别选取Populstat网络数据库提供的，1953—1959年中国历年人口数据和世界银行人口数据库提供的1960—2013年中国历年人口数据；采用历年能源消费总量与实际GDP产值的比值表示能源消费强度，煤炭占能源消费总量的百分比表示能源消费结构，第二产业在GDP中的占比表示产业结构，实际人均GDP表示经济发展水平，城镇人口占总人口比重表示人口城市化水平，数据来自《新中国六十年统计资料汇编1949—2008》和2009—2013年历年《中国统计年鉴》，能源消费强度和实际人均GDP指标计算中涉及的GDP指标为按1952年不变价格计算的实际GDP。

表3.6　中国能源消费人均碳排放经典线性模型、二次项模型和三次项模型普通最小二乘估计结果

变量	经典线性模型		二次项模型		三次项模型	
	系数 β_i	P值	系数 β_i	P值	系数 β_i	P值
ln *EI*	1.126 9***	0.000 0	1.076 0***	0.000 0	1.062 1***	0.000 0
	(27.936 7)		(26.223 5)		(23.727 4)	
ln ECS	0.140 2	0.140 8	0.338 4***	0.002 9	0.351 8***	0.002 3
	(1.494 0)		(3.120 0)		(3.194 2)	
ln *ED*	1.079 4***	0.000 0	0.985 2***	0.000 0	0.998 4***	0.000 0
	(24.778 4)		(19.401 7)		(18.627 2)	
ln *UB*	-0.015 3	0.874 2	0.191 8*	0.092 3	0.143 8	0.265 0
	(-0.159 0)		(1.713 0)		(1.126 3)	
ln *IS*	-0.264 7***	0.000 1	-1.424 7***	0.000 4	-1.926 9**	0.011 8
	(-4.085 4)		(-3.742 8)		(-2.60 5)	
$(\ln IS)^2$	—	—	0.191 0***	0.003 2	0.507 7	0.214 4
			(3.086 4)		(1.256 3)	
$(\ln IS)^3$	—	—	—	—	-0.045 5	0.431 2
					(-0.793 1)	
R^2 值	0.997 6		0.997 9		0.998 0	
调整的 R^2 值	0.997 4		0.997 7		0.997 7	

注：①变量回归系数下括号内为t值；

②***，*分别表示在1%和10%的显著水平上通过检验。

表3.6列示的三个模型的估计结果显示，经典线性模型中能源消费结构变量和人口城市化水平变量的系数没有通过显著性检验，说明以上两个因素并未对人均碳排放构成显著影响。这与本章前面的检验结果相矛盾，且人口城市化水平变量和产业结构变量的系数符号与预期不一致，违背了碳排放影响因素的理论作用机理；三次项模型中除人口城市化水平变量的系数没有通过显著性检验外，二次项和三次项变量的系数也均未通过显著性检验，不但与本章前面的检验结果相矛盾，而且与模型设定本身也存在矛盾，即二次项和三次项变量没有对人均碳排放构成显著影响则应回到线性模型形式；只有在二次项模型中，人口城市化水平变量的系数在10%的显著水平上通过检验，其他所有变量均在1%的显著水平上通过检验，可以说所有解释变量均对人均碳排放构成了显著影响，与本章前面的检验结果基本一致，且所有解释变量的符号与预期一致，符合碳排放影响因素的理论作用机理。同时，分别对经典线性模型和二次项模型的联合非显著性（原假设 $H_0: \beta_6 = 0$），以及二次项模型和三次项模型的联合非显著性（原假设 $H_0: \beta_7 = 0$）进行似然比（LR）检验：前者的LR检验估计值为9.743 5，相应的检验P值为0.001 8，说明必须拒绝二次项模型能简化为经典线性模型的原假设；后者的LR检验估计值为0.706 4，相应的检验P值为0.400 6，说明不能拒绝三次项模型可以简化为二次项模型的原假设。以上分析表明，三个模型中只有二次项模型与实际情况基本相符，能够反映出各相关因素对中国能源消费人均碳排放产生影响的基本实情。下面基于二次项模型的估计结果，对改进的STIRPAT模型中所包括的中国能源消费人均碳排放各影响因素逐一进行分析与讨论。

3.3.2.1 能源消费强度对人均碳排放的影响

在所建立的模型中，所有的变量均是以对数形式表示的，意味着模型中被估计的系数可以用弹性的概念解释，即某解释变量增加1%会导致被解释变量相应增加1%。二次项模型中能源消费强度变量的系数显著约等于1，说明其对中国能源消费人均碳排放的影响较强。本书第2章根据历年《中国能源统计年鉴》和《中国统计年鉴》中的统计数据，分析得出中国能源消费强度在1994—2013年基本呈稳步下降态势（见表2.6和图2.5），本章根据《新中国六十年统计资料汇编1949—2008》和2009—2013年历年《中国统计年鉴》中的数据，计算得出的历年数据也显示出自1977年以来中国能源消费强度呈逐年下降趋势（见图3.2），1977—2013年中国能源消费强度整体水平年均下降3.54%，表明在此期间能源消费强度的逐年不断降低，对碳排放的增长表现为年均3.54%的显著负效应。能源消费强度的降低或能源利用效率的提高，来源于持续的技术进步和技术创新，加大科技投入，鼓励和促进高效技术在中国能源开发、加工转换和投入使用等诸环节的应用与推广，大力发展低碳技术，尽快走上发展低碳经济之路，是中国能够按计划达到既定减排目标的有效途径。

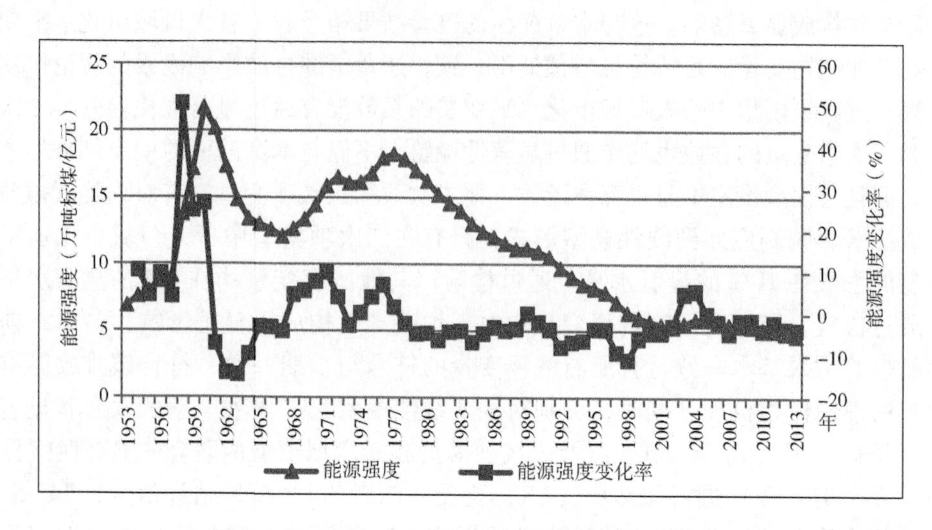

图 3.2　1953—2013 年中国能源消费强度及其变化

3.3.2.2　能源消费结构对人均碳排放的影响

以煤炭消费占能源消费总量比重表示的能源消费结构变量系数为 0.338 4，显著性较强，表明煤炭消费量占比增加 1% 将会带来人均碳排放量增加 0.338 4%，二者呈正相关。无论是第 2 章中对中国 1994—2013 年的能源消费结构分析结果，还是本部分统计的 1953—2013 年中国煤炭消费占比数据（见图 3.3），均显示煤炭消费占比始终在 65% 以上，在中国能源消费总量中占据主导地位。其中 1973—1975 年煤炭消费占比变化率起伏较大，可能是由于“文革”期间煤炭开采下放到地方，而地方管理混乱，煤炭工业松散，从而导致中国煤炭消费占比变化率在有些年份起伏较大的缘故。1988—2013 年，中国煤炭消费占比整体水平从 76.2% 降至 66.0%，总体降幅为 13.39%，年均减少 0.51%，根据二次项模型的系数估计结果，每年给中国能源消费人均碳排放带来约 0.17% 的负增长效应，在一定程度上抑制了碳排放的增长。然而，以碳排放系数较高的煤炭消费为主导的能源消费结构必然带来较高的碳排放总量。调整和优化中国经济发展过程中整体能源消费结构，减少对具有高碳排放系数和高污染的煤炭资源的过度依赖，实现向以石油和天然气等含碳量相对较低的能源消费为主的整体能源消费结构转变，同时大力发展非化石能源的开发与利用技术，促使其在能源消费总量中的比重逐步稳定上升，是有效实现碳减排和低碳经济发展的必然要求。

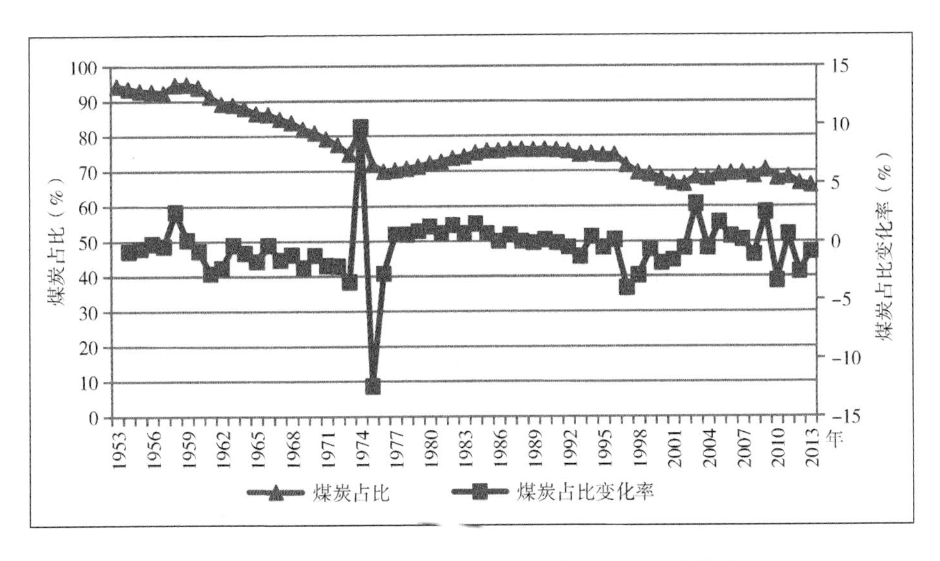

图 3.3 1953—2013 年中国煤炭消费占比及其变化率

3.3.2.3 经济发展因素对人均碳排放的影响

实际人均 GDP 是衡量实际经济发展和实际经济增长的重要指标，实际人均 GDP 对中国能源消费人均碳排放的弹性值约等于 1，且显著性较强，说明中国经济发展对碳排放增长具有较强的拉动效应，即实际人均 GDP 增长 1% 会相应引起人均碳排放增长接近于 1%。中国自改革开放以后，经济高速增长，工业化进程加速，人均实际 GDP 连年高速增加（见图 3.4）。1983—2013 年，中国实际 GDP 年均增长 8.96%，也就是说该期间由于实际经济增长会导致能源消费人均碳排放年均增长 8.96%，在抵消了能源消费强度对碳排放产生的负效应基础上，还对碳排放增长具有较强的净拉动效应。目前，正处于工业化进程中的中国，是以高能源投入和高污染为经济高速发展前提的，而经济增长一般作为发展中国家的必然选择需要我们另辟蹊径，从调整产业结构和能源消费结构、扩大技术进步与技术创新、转变经济增长和发展方式等方面入手，以实现碳减排与经济高速发展的双赢。

3.3.2.4 人口城市化水平对人均碳排放的影响

表 3.6 的估计结果显示人口城市化水平变量的系数为 0.191 0，说明其对中国能源消费碳排放存在正影响效应，但影响效果相对较低。中国的人口城镇化率自 1978 年以来一直保持稳步增长状态（见图 3.5），年均增长率为 3.11%，对碳排放量的增长起到了一定的拉动作用。城镇居民相对于农村居民而言，其生产、生活和消费方式对能源消费的要求相对较高，城镇居民人口比重的增加势必会带来能源消费量的增加，进而产生更多的碳排放。城镇化往往是工业化的伴随产

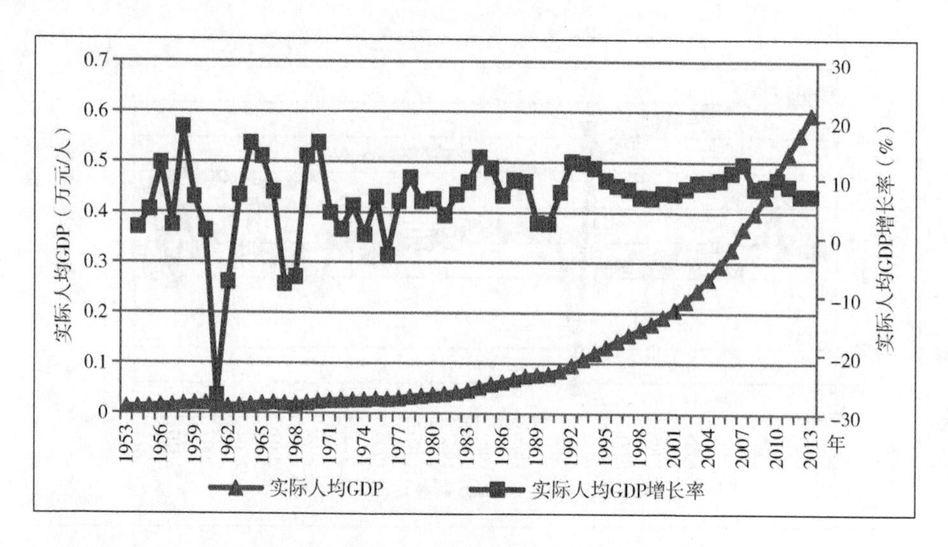

图 3.4　1953—2013 年中国实际人均 GDP（按 1952 年不变价格计算）及其增长率

物，中国经过多年的工业化发展，城镇化率于 2011 年超过 50%，达到 51.27%，2012 年为 52.57%，2015 年达到 56.1%，根据李克强在 2016 年政府工作报告中的预计，到 2020 年常住人口城镇化率将达到 60%，说明中国人口城镇化率在未来一段时期仍将持续上升。在这样的背景下，应积极促进工业结构向技术密集型的高端产业转变，同时加大教育投入和宣传力度，促进城镇人口各方面素质与节能环保意识的普遍提高，使其逐步形成能源节约型的生产、生活和消费模式，降低人口城市化作为影响因素本身对碳排放增长的拉动程度。

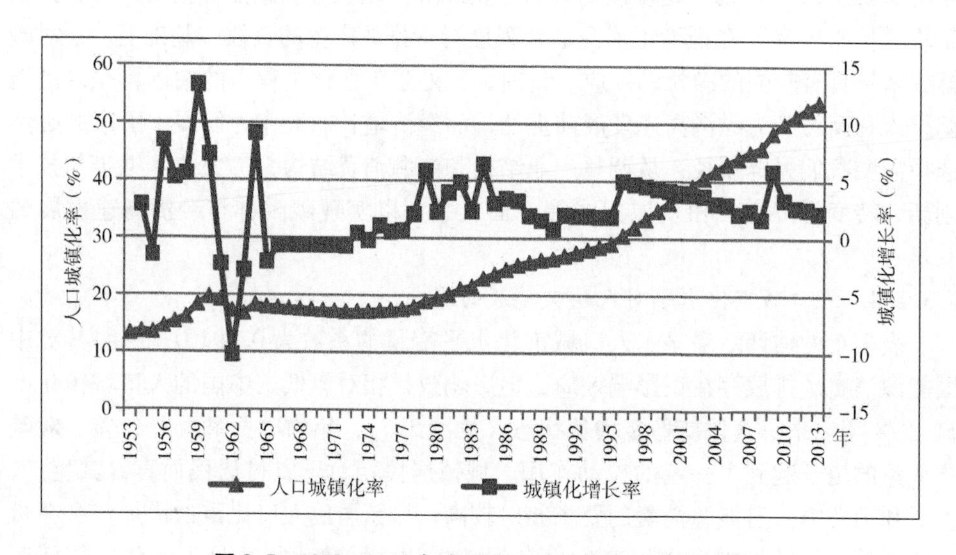

图 3.5　1953—2013 年中国人口城镇化率及其增长率

3.3.2.5 产业结构变化对人均碳排放的影响

二次项模型的估计结果显示，以第二产业占 GDP 比重为衡量指标的产业结构水平的一次线性项和二次平方项系数在统计上均是显著的，且二次平方项系数符号为正，说明人均碳排放与第二产业比重之间确实存在着显著的“U”形变化关系，“U”形变化关系将人均碳排放与第二产业比重间的关系分为两段：人均碳排放量随着第二产业比重值的增加而递减阶段和递增阶段。而由递减阶段转向递增阶段的转折点可以通过对二次项估计方程关于第二产业比重对数求偏导并令其等于 0 而得到，即对式（3－31）右边关于 ln *IS* 求偏导可以得到

$$E_{IS} = \beta_5 + 2\beta_6 \ln IS \tag{3-34}$$

令其中 $E_{IS} = 0$，同时根据二次项模型中系数 β_5 和 β_6 的估计值，可以计算得出转折点的第二产业比重值为 41.66%。因此，“U”形变化关系的存在使我们可以发现，当中国的产业结构中第二产业所占 GDP 比重超过 41.66% 时，第二产业比重的增加会带来人均碳排放量的增长。除 1990 年外，中国第二产业比重自 1971 年以来均高于转折点，说明自 1971 年开始，中国能源消费人均碳排放与第二产业比重呈正相关关系，即第二产业比重的增加会带来人均碳排放的增长。目前，正处于工业化进程中的中国，第二产业是促进中国国民经济快速发展的重要支柱产业，意味着中国的经济快速发展在很大程度上依然依赖于高能耗、高碳排放产业和行业的发展。加快速度促进产业升级换代，大力发展现代服务业和新型科技产业，在限制和降低第二产业发展规模的基础上提高第三产业发展比重，是中国降低碳排放对生态环境的破坏和实现可持续发展的重要途径。

3.4 碳排放影响因素的灰色关联分析验证

灰色关联分析方法通过对各因素间的发展变化趋势进行比较衡量各因素间的关联程度。若两因素间的发展变化趋势具有较高的某种一致性，则两者的关联程度较高；反之，则较低。该方法可以弥补采用数理统计中的回归分析、方差分析、主成分分析等方法做系统分析所容易导致的缺憾，对样本大小和有无规律同样适用。一个国家或地区的碳排放问题是多种因素共同作用所导致的结果，往往与诸多因素密切相关，且各种因素的影响程度并不明确，因此，可以将其作为一个灰色系统进行分析。

同时，鉴于灰色关联分析仅是通过各对比序列与主序列间关联度大小，判断各因素与研究对象之间是否存在影响关系和大致描述各因素影响程度大小的次序，而无法确定各因素与研究对象之间存在的影响方向和具体影响效果，因此，本章和第 4 章仅是使用灰色关联分析方法做碳排放与各因素间是否存在影响关系的验证分析。

3.4.1 邓氏灰色关联分析

邓氏灰色关联分析是中国学者邓聚龙教授提出的一种经典的灰色关联分析方法。邓氏灰色关联分析的模型为：

$$\Delta_i(k) = |y'_0(k) - y'_i(k)|$$

$$k = 1,2,\cdots,T; i = 1,2,\cdots,n \quad (3-35)$$

$$\eta_i(k) = \frac{m + \rho M}{\Delta_i(k) + \rho M}$$

$$k = 1,2,\cdots,T; i = 1,2,\cdots,n \quad (3-36)$$

$$\eta_i = \frac{1}{T}\sum_{k=1}^{T} \eta_i(k)$$

$$i = 1,2,\cdots,n \quad (3-37)$$

定义被解释变量序列为主序列，各解释变量序列为对比序列。在计算绝对值差序列 $\Delta_i(k)$ 的式（3－35）中，$y'_0(k)(k = 1,2,\cdots,T)$ 为主序列中元素的无量纲化处理结果，$y'_i(k)(k = 1,2,\cdots,T; i = 1,\cdots,n)$ 为对比序列中元素的无量纲化处理结果；在计算主序列与对比序列的关联系数序列的式（3－36）时，$m = \min_i \min_k \Delta_i(k)$ 为最小绝对值差，$M = \max_i \max_k \Delta_i(k)$ 为最大绝对值差，ρ 为关联系数或分辨系数，$\rho \in (0,1)$；式（3－37）中计算的 η_i 即为各对比序列与主序列的关联度。在式（3－35）、式（3－36）和式（3－37）中，T 为样本个数或时期数，n 为解释变量个数。

3.4.2 数据指标的选取与实证比较分析

本节基于第1节提出的改进的STIRPAT模型和碳排放影响因素理论作用机理，分析所概括出的五种碳排放影响因素，采用传统的邓氏灰色关联度分析方法，对中国能源消费人均碳排放与五种影响因素之间的关联程度进行分析。本节分析中人均碳排放及其影响因素指标的选取，以1953—2013年中国能源消费人均碳排放量作为主序列，而分别将能源消费强度、煤炭消费占比、第二产业比重、实际人均GDP和人口城镇化率作为对比序列进行分析。

对各序列数据进行无量纲化处理后根据式（3－35）、式（3－36）和式（3－37）可以计算出各相关影响因素与人均碳排放量的关联度，本书取分辨系数 ρ 为0.5，计算结果见表3.7。

表3.7 各相关影响因素与中国能源消费人均碳排放量的邓氏关联度

影响因素	能源消费强度	煤炭消费占比	实际人均GDP	人口城镇化率	第二产业比重
η_i	0.729 3	0.697 4	0.847 9	0.723 3	0.724 7

本章第2节中国能源消费人均碳排放与其影响因素间关系的实证检验和第3节基于二次项模型的实证分析结果表明，经济发展水平、能源消费强度、产业结构、能源消费结构和人口城市化水平五种因素，均对中国能源消费人均碳排放产生了显著影响。

中国能源消费人均碳排放量与各相关影响因素的邓氏灰色关联度分析结果如表3.7显示，实际人均GDP与中国能源消费人均碳排放量的关联程度最高，为0.847 9；依次是能源消费强度、第二产业比重和人口城镇化率，其关联度分别为0.729 3，0.724 7，0.723 3；最低的煤炭消费占比的关联度也有0.697 4。关联度一般大于0.6，则表明其关联性显著，说明这五种因素与人均碳排放存在显著的影响关系。同时，由于灰色关联度分析所选取的指标和数据与第2节和第3节分析所使用的指标和数据完全相同，即所选取指标历年的变化趋势和年均变化率完全相同，因此灰色关联度分析结果中各影响因素对人均碳排放所产生效应的正负，必然与二次项模型估计结果分析中各影响因素效应的正负一致。

以上分析结果表明，基于灰色关联度分析方法的实证分析结论与前面的实证分析结论基本一致，从而说明本章在碳排放影响因素理论作用机理分析的基础上，基于以“线性格兰杰因果检验—非线性动态变化趋势检验—非线性格兰杰因果检验”为框架的实证检验而构建的二次项具体STIRPAT模型分析结果准确度较高，符合中国能源消费碳排放的实际情况，可以为后面各章的进一步分析提供可靠的理论基础和模型构建基础。

3.5 本章小结

本章在国内外学者研究的基础上，将人口城市化作为一个重要人口因素纳入传统的STIRPAT模型对其进行改进，并从作用机理理论角度详细分析了改进的STIRPAT模型所包括的碳排放影响因素——能源消费强度、能源消费结构、产业结构、经济发展水平、人口规模和人口城乡结构因素——如何对碳排放产生影响的。

在理论分析的基础上，使用目前在国内研究，尤其是能源和碳排放研究领域，应用较少的非线性格兰杰因果检验中的D－P检验，构建“线性格兰杰因果检验—非线性动态变化趋势检验—非线性格兰杰因果检验”的检验框架，对中国能源消费人均碳排放与相关影响因素间的具体关系进行了逐步的检验。在进行非线性格兰杰因果检验时，作者基于R语言编写了非线性格兰杰因果检验的程序，以在R软件中对人均碳排放与相关因素进行非线性因果检验。经过逐步的检验，可以判定：首先，能源消费强度、能源消费结构、产业结构、经济发展水平和人口城市化水平因素，均对中国能源消费人均碳排放产生单向线性影响，具备了构建人均碳排放与五项相关影响因素间线性回归模型的实证基础；其次，存在从产业结构变动到人均碳排放变化的单向非线性格兰杰原因，应该在所构建的人均碳排放与这五种相关影响因素的线性回归模型基础上，进一步融入产业结构因素与人均碳排放的非线性关系模型。

根据前面检验的结果及得出的判定结论，建立经典线性模型、二次项模型和三次项模型进行估计与比较，变量估计系数的符号和 t 检验以及模型的联合非显著性似然比（LR）检验结果显示，只有二次项模型与实际情况基本相符，能够反映出各相关因素对中国能源消费人均碳排放产生影响的基本实情。根据二次项模型估计结果，可以得出如下结论：

（1）能源消费强度的逐年不断降低对碳排放的增长表现为显著的负效应。加大科技投入，鼓励和促进高效技术在中国能源开发、加工转换和投入使用等诸环节的应用与推广，大力发展低碳技术，是顺利实现既定减排目标的有效途径。

（2）中国煤炭消费占比整体水平的下降给中国能源消费人均碳排放带来一定的负增长效应。调整和优化整体能源消费结构，减少对具有高碳排放系数和高污染的煤炭资源的过度依赖，实现整体能源消费结构向低能耗发展的根本转变，是有效实现碳减排和低碳经济发展的必然要求。

（3）中国高速的实际经济增长导致碳排放的相应高速增长，在抵消了能源消费强度对碳排放产生的负效应基础上，还对碳排放增长具有较强的净拉动效应。在经济增长一般作为发展中国家必然选择的前提下，应从调整结构、提高整体技术、转变经济增长方式等方面入手，以实现碳减排与经济高速发展的双赢。

（4）人口城市化因素对中国能源消费碳排放存在效果相对较低的正影响效应，中国人口城镇化率在未来一段时期仍将持续上升的背景下，应积极促进工业结构转变，同时加大教育投入和宣传力度，提高城镇人口环保意识，逐步形成节约型的生产、生活和消费模式，降低人口城市化作为影响因素对碳排放增长的拉动程度。

（5）人均碳排放与第二产业比重之间存在着显著的“U”形变化关系，即将人均碳排放与第二产业比重间的关系分为两段：递减阶段和递增阶段，其转折点的第二产业比重值为41.66%。中国第二产业比重自 1971 年以来均高于转折点，说明自 1971 年开始，中国能源消费人均碳排放与第二产业比重呈正相关关系。目前，第二产业仍是中国经济发展的重要支柱产业，中国经济发展很大程度上仍然依赖于高能耗、高碳排放产业的发展。加快速度促进产业升级换代，在限制和降低第二产业发展规模的基础上提高第三产业发展比重，是降低碳排放对生态环境的破坏和实现可持续发展的重要途径。

使用邓氏灰色关联度分析方法的实证验证分析结论，说明前面的分析结论符合中国能源消费碳排放的实际情况。

4 中国能源消费碳排放因素分解分析

第3章中国能源消费碳排放影响因素的理论作用机理和实证分析结果表明，中国能源消费碳排放影响因素包括能源消费强度、能源消费结构、产业结构、经济发展水平、人口城市化水平五种因素。本章在第3章的理论作用机理和实证分析结果基础上，从各产业层次的角度对碳排放各影响因素进行更为细致地分析，首先对约翰恒等式加以扩展，并与广义费雪指数分解方法相结合，建立中国能源消费人均碳排放因素分解模型，从而更为全面细致地分析各影响因素从产业层次的角度对碳排放所产生的影响。最后采用灰色关联度分析对扩展后的广义费雪指数分解分析结果进行验证。

4.1 因素分解分析方法

因素分解分析方法是研究事物数量变动特征的，并在此基础上进行其作用机理分析的分析框架和分析方法，即该方法以数量的方式衡量和确定各影响因素或驱动因素对事物的影响效应大小。截至目前，因素分解分析方法在能源经济和环境经济学等应用研究中得到了越来越广泛的运用。在将能源消费或碳排放视为各种影响因素或驱动因素共同作用结果的基础上，对能源消费或碳排放进行分解分析，可以定量考察各影响因素或驱动因素的数量变化对能源消费量或碳排放量变动的影响效应，这种方法已经得到国内外众多相关学者的认可，并成为研究该类应用问题时较为有效的技术方法和手段。目前，研究能源消费或碳排放问题时，常用的因素分解分析法主要分为两类：一类称为结构分解分析方法（structure decomposition analysis，SDA），另一类称为指数分解分析方法（index decomposition analysis，IDA）。

4.1.1 结构分解分析方法

在能源消费和碳排放研究领域应用较多的结构分解分析方法主要是投入产出方法。列昂惕夫（Leontief，1971）对自己在20世纪30年代提出的投入产出方法与结构分解分析方法的结合与应用进行了研究，以消费系数矩阵为基础，使用投入产出表中所蕴含的比较静态分析方法，可以对各影响因素或驱动因素的影响效应大小进行较为全面而细致地研究分析。结构分解分析方法具备很好的理论背景，且能够较为清晰地显现出能源消费或碳排放变化与诸宏观经济变量变化之间的关系，但其缺点是计算起来较为复杂，不易于操作。

4.1.2 指数分解分析方法

指数分解分析方法可以将目标变量的变化分解成一些相关影响因素的变化，从而可以计算和分析出各影响因素对目标变量的具体贡献度，进行数量对比与分析。指数分解分析方法与结构分解分析方法的不同之处在于，其只需要使用各部门加总数据，在实际操作中更为简单，适用于包含时间序列数据且影响因素较少的因素分解分析，因此，其更广泛地被应用于能源消费和碳排放相关研究领域。从昂等（Ang et al.，2000）[74]对有关指数分解分析的124篇研究论文的综述情况看，应用指数分解方法的有109篇，应用结构分解方法的仅有15篇。而且，其中应用拉式（Laspeyres）指数分解法及其改进方法和迪氏（Divisia）指数分解法及其改进方法的文章占比较多。近年来，国内外学者多采用上述两类指数分解的改进方法对能源和碳排放相关问题进行研究。然而，上述两类指数分解分析方法均自身存在一定不足。

4.1.3 广义费雪指数分解方法

昂等（Ang et al.，2004）[86]提出的广义费雪指数法对上述两种方法进行了整合，在很大程度上弥补了它们的不足。同时，他们将拉氏指数、Passche指数、算术平均迪氏指数、对数平均迪氏指数法Ⅰ和对数平均迪氏指数法Ⅱ等五种常用的指数分解方法与广义费雪指数法进行了对比分析，并将此六种方法分别进行了因子互换检验、时间互换检验、比例检验、总量检验、零值稳健检验和负值稳健检验，广义费雪指数法仅在总量检验中未通过，其他五种方法则均有两个或两个以上的检验未通过。基于上述分析可以得出，广义费雪指数法具有优秀的因素分解特性，是最佳的因素分解方法。目前，国内已有少数学者应用该方法对能源和碳排放问题进行因素分解分析。

4.2 中国能源消费碳排放影响因素分解分析

4.2.1 广义费雪指数模型分解

广义费雪指数分解法是将传统的两因素费雪指数分解法扩展到多因素的分解分析中，其具体实现过程如下：

设W为总量指标，由X_{1ij}，X_{2ij}，…，X_{nij}这n个分量或因素来表示。i和j分别表示总量指标的次级分类：能源种类和产业类别。进行结构变化方面的分析，并以0和T表示时期，则有：

$$W = \sum_i \sum_j X_{1ij} X_{2ij}, \cdots, X_{nij} \tag{4-1}$$

$$W^0 = \sum_i \sum_j X_{1ij}^0 X_{2ij}^0, \cdots, X_{nij}^0 \tag{4-2}$$

$$W^T = \sum_i \sum_j X_{1ij}^T X_{2ij}^T, \cdots, X_{nij}^T \tag{4-3}$$

定义 $N = \{1, 2, \cdots, n\}$，N 的基数为 n 。另设 N 的一个子集为 Z ，其基数为 z' ，$\emptyset$ 为空子集。定义函数

$$W(Z) = \sum \sum \left(\prod_{l \in Z} X_l^T \prod_{m \in N \setminus Z} X_m^0 \right) \tag{4-4}$$

$$W(\emptyset) = \sum \sum \left(\prod_{m \in N} X_m^0 \right) \tag{4-5}$$

根据“几何平均”原理，W^T / W^0 可分解为 n 个组成部分：

$$D = W^T / W^0 = D_{X_1} D_{X_2}, \cdots, D_{X_n} \tag{4-6}$$

其中，$D_{X_k}(k = 1,2,\cdots,n)$ 为广义费雪指数法的分解因素项。每个因素 $X_k(k = 1, 2,\cdots,n)$ 的分解结果为：

$$D_{X_k} = \prod_{\substack{Z \subset N \\ k \in Z}} \left[\frac{W(Z)}{W(Z \setminus \{k\})} \right]^{\frac{1}{n} \cdot \frac{1}{\binom{n-1}{z'-1}}} \prod_{\substack{Z \subset N \\ k \in Z}} \left[\frac{W(Z)}{W(Z \setminus \{k\})} \right]^{\frac{(z'-1)!(n-z')!}{n!}} \tag{4-7}$$

4.2.2 扩展的约翰恒等式

日本学者加舍（Yoichi Kaya，1989）[238]在 IPCC 的一次研讨会上首次提出了著名的加舍恒等式，该恒等式后来得到学界广泛的认可和推广，被广泛应用于能源消费和碳排放的核算和影响因素分析研究中。Kaya 恒等式是通过一种简单的数学公式把碳排放与能源、经济、人口等影响因素联系起来。约翰等（Johan et al. ，2002）[239]在 Kaya 恒等式的基础上进一步提出了碳排放量基本公式为：

$$C = \sum_i \frac{C_i}{E_i} \cdot \frac{E_i}{E} \cdot \frac{E}{Y} \cdot \frac{Y}{P} \cdot P \tag{4-8}$$

其中，C 表示碳排放量；C_i 表示第 i 种能源碳排放量；E 表示一次能源消费量；E_i 表示第 i 种消费量；Y 表示国内生产总值；P 表示人口。

根据约翰恒等式，影响碳排放的主要因素为能源消费结构、能源消费强度、经济发展和人口规模。然而，本书第 3 章中国能源消费碳排放影响因素的理论作用机理和实证分析结果表明，中国能源消费碳排放影响因素包括能源消费强度、能源消费结构、产业结构、经济发展水平、人口城市化水平五种因素，其中人口城市化水平因素并没有包括在约翰恒等式所涵盖的影响因素中，因此，要对中国能源消费碳排放影响因素进行更为全面的分析，就需要对约翰恒等式所涵盖的影响因素进行扩展。同时，为了更为细致地分析各影响因素从各产业层次的角度对碳排放的影响，有必要对约翰恒等式在产业层次分析方面进行扩展。基于以上考

虑，本书首先对约翰恒等式加以扩展，以求能够更为全面细致地分析中国能源消费碳排放影响因素从产业层次的角度对碳排放的影响。本书扩展后的约翰恒等式为：

$$C = \sum_i \sum_j \frac{C_{ij}}{E_{ij}} \cdot \frac{E_{ij}}{E_j} \cdot \frac{E_j}{Y_j} \cdot \frac{Y_j}{Y} \cdot \frac{Y}{P} \cdot \frac{UP + RP}{P} \cdot P \qquad (4-9)$$

其中，C，Y，P 与式（4-8）中相同；C_{ij} 表示产业 j 中第 i 种能源产生的碳排放；E_{ij} 表示产业 j 中第 i 种能源消费量；E_j 表示产业 j 的能源消费量；Y_j 表示产业 j 的 GDP；UP 和 RP 分别表示城镇人口数量和农村人口数量，将总人口分为城镇人口和农村人口来反映人口结构。

4.2.3　能源消费碳排放影响因素的广义费雪指数（GFI）分解

根据扩展的约翰恒等式，本书给出定义，$F_{ij} = C_{ij}/E_{ij}$ 表示碳排放系数，即不同种类单位能源消费的碳排放量；$ES_{ij} = E_{ij}/E_j$ 表示产业能源消费结构，即产业 j 的能源消费总量中第 i 种能源消费所占比重；$IN_j = E_j/Y_j$ 表示产业能源消费强度，即产业 j 中单位 GDP 的能源消费量；$IS_j = Y_j/Y$ 表示产业结构，即产业 j 的产值在 GDP 总量中所占的比重；$R = Y/P$ 为人均 GDP，表示经济发展水平；$U = UP/P$ 为城镇人口占总人口的比重，表示人口城市化水平，并且以人口城市化水平反映人口结构。因此，人均碳排放量的公式可以写为：

$$AV = C/P = \sum_i \sum_j F_{ij} \cdot ES_{ij} \cdot IN_j \cdot IS_j \cdot R \cdot U \qquad (4-10)$$

由式（4-10）可以看出，影响人均碳排放量变化的因素可以分解为碳排放系数因素、产业能源消费结构因素、产业能源消费强度因素、产业结构因素、经济发展水平因素和人口城市化水平因素。其中，碳排放系数 F_{ij} 是固定的，能源种类取煤炭、焦炭、原油、汽油、煤油、柴油、燃料油和天然气 8 类不可再生化石能源及其衍生物，其碳排放系数采用《2006 年 IPCC 国家温室气体清单指南》提供的碳排放计算指南缺省值计算得出的碳排放系数，具体碳排放系数见表 2.9。产业结构按三次产业结构划分为第一、第二、第三产业。以 AV^T 表示 T 时期的人均碳排放，AV^0 表示基期的人均碳排放，根据 GFI 模型分解，人均碳排放量的变化可以表示为：

$$D = AV^T / AV^0 = D_{X_1} \cdot D_{X_2} \cdot D_{X_3} \cdot D_{X_4} \cdot D_{X_5} \qquad (4-11)$$

其中，D_{X_1} 为产业能源消费结构因素；D_{X_2} 为产业能源消费强度因素；D_{X_3} 为产业结构因素；D_{X_4} 为经济发展因素；D_{X_5} 为人口城市化因素。其计算公式分别为式（4-12）、式（4-13）、式（4-14）、式（4-15）和式（4-16）。

$$D_{X_1} = \prod_{\substack{Z \subset \{1,2,3,4,5\} \\ 1 \in Z}} \left[\frac{W(Z)}{W(Z \setminus \{1\})} \right]^{\frac{(z'-1)!(5-z')!}{5!}} \qquad (4-12)$$

$$D_{X_2} = \prod_{\substack{Z \subset \{1,2,3,4,5\} \\ 2 \in Z}} \left[\frac{W(Z)}{W(Z \setminus \{2\})} \right]^{\frac{(z'-1)!(5-z')!}{5!}} \tag{4-13}$$

$$D_{X_3} = \prod_{\substack{Z \subset \{1,2,3,4,5\} \\ 3 \in Z}} \left[\frac{W(Z)}{W(Z \setminus \{3\})} \right]^{\frac{(z'-1)!(5-z')!}{5!}} \tag{4-14}$$

$$D_{X_4} = \prod_{\substack{Z \subset \{1,2,3,4,5\} \\ 4 \in Z}} \left[\frac{W(Z)}{W(Z \setminus \{4\})} \right]^{\frac{(z'-1)!(5-z')!}{5!}} \tag{4-15}$$

$$D_{X_5} = \prod_{\substack{Z \subset \{1,2,3,4,5\} \\ 5 \in Z}} \left[\frac{W(Z)}{W(Z \setminus \{5\})} \right]^{\frac{(z'-1)!(5-z')!}{5!}} \tag{4-16}$$

其中，式（4-12）具体计算结果算式见附录B，式（4-13）、式（4-14）、式（4-15）和式（4-16）略去具体计算结果算式。

4.2.4 实证分析

4.2.4.1 指标选取与数据来源

本章在进行能源消费碳排放影响因素分解实证分析，所使用的能源消费碳排放量数据采用第2章表2.11中所列出的采用折成标准煤的各种主要能源消费量，乘以其相应碳排放系数估算出来的碳排放总量数据，计算各年人均碳排放的总人口数量数据来源于2014年《中国统计年鉴》。1994—2013年历年中国能源消费人均碳排放量计算结果数据见表2.12。

产业能源消费强度数据采用第一、第二、第三产业的能源消费总量除以各产业的实际GDP计算而得；产业能源消费结构数据采用煤炭、焦炭、原油、汽油、煤油、柴油、燃料油和天然气8类不可再生化石能源及其衍生物在三次产业的消费量除以其对应产业的能源消费总量计算而得；产业结构数据采用三次产业产值占GDP总值的比重数据；经济发展水平的人均GDP数据采用实际GDP数据除以总人口数量计算而得；人口城市化水平数据采用城镇人口占总人口数量的比重数据。计算各影响因素数据时用到的相关数据，包括各种能源分别在三次产业中的消费量、三次产业的能源消费总量、三次产业的产值、国内生产总值、城镇人口数量和总人口数量等数据，均来源于历年《中国能源统计年鉴》和《中国统计年鉴》。其中，三次产业产值和实际GDP数据均按1994年不变价格计算，以剔除价格因素变动的影响。经计算得到1994—2013年能源消费碳排放各影响因素相关数据，并根据式（4-11）、式（4-12）、式（4-13）、式（4-14）、式（4-15）和式（4-16）进行GFI分解计算，结果见表4.1和表4.2。

表 4.1 1994—2013 年中国能源消费人均碳排放影响因素 GFI 分解

年份	产业能源消费结构	产业能源消费强度	产业结构	经济发展	人口城市化	人均碳排放
1994—1995	0.998 7	0.954 5	1.019 0	1.097 6	1.018 6	1.086 0
1995—1996	1.000 9	0.937 7	1.015 8	1.088 7	1.049 6	1.089 4
1996—1997	1.013 9	0.904 0	1.008 9	1.082 0	1.046 9	1.047 5
1997—1998	1.007 7	0.885 3	1.008 6	1.068 5	1.045 1	1.004 9
1998—1999	1.040 7	0.899 1	1.005 6	1.067 4	1.042 9	1.047 4
1999—2000	1.001 4	0.969 9	1.006 7	1.076 1	1.041 4	1.095 8
2000—2001	0.993 0	0.951 0	1.002 2	1.075 5	1.039 8	1.058 2
2001—2002	0.997 6	0.966 8	1.005 2	1.083 8	1.038 0	1.090 5
2002—2003	1.002 6	1.035 8	1.020 8	1.093 7	1.036 8	1.202 2
2003—2004	0.984 3	1.058 7	1.007 9	1.094 4	1.030 3	1.184 4
2004—2005	1.006 7	0.990 3	1.004 6	1.106 6	1.029 5	1.140 9
2005—2006	0.990 9	1.018 2	1.007 0	1.120 8	1.031 5	1.174 6
2006—2007	0.984 4	0.941 8	1.006 8	1.135 7	1.034 9	1.097 0
2007—2008	0.837 4	0.947 0	1.002 0	1.090 8	1.024 0	0.887 5
2008—2009	1.193 6	0.956 5	1.006 4	1.086 8	1.028 8	1.284 8
2009—2010	1.013 2	0.949 3	1.012 3	1.099 2	1.033 3	1.105 8
2010—2011	1.021 5	0.968 4	1.007 8	1.087 8	1.026 4	1.113 0
2011—2012	1.011 0	0.955 9	1.003 5	1.071 2	1.025 4	1.065 2
2012—2013	1.006 9	1.069 4	1.000 5	1.071 7	1.022 1	1.180 0
1994—2013	19.106 3	18.359 3	19.151 7	20.698 4	19.645 1	20.955 1

数据来源：作者采用历年《中国能源统计年鉴》和《中国统计年鉴》中相关数据，根据式（4 - 11）至式（11 - 16）计算。

表 4.2 1994—2013 年 5 种影响因素对中国能源消费人均碳排放的贡献率（%）

年份	产业能源消费结构	产业能源消费强度	产业结构	经济发展	人口城市化
1994—1995	19.63	18.76	20.03	21.57	20.02
1995—1996	19.65	18.41	19.95	21.38	20.61
1996—1997	20.06	17.88	19.95	21.40	20.71
1997—1998	20.09	17.65	20.11	21.31	20.84
1998—1999	20.58	17.78	19.89	21.11	20.63

续表

年份	产业能源消费结构	产业能源消费强度	产业结构	经济发展	人口城市化
1999—2000	19.65	19.03	19.76	21.12	20.44
2000—2001	19.62	18.79	19.80	21.25	20.54
2001—2002	19.59	18.99	19.74	21.29	20.39
2002—2003	19.32	19.96	19.67	21.07	19.98
2003—2004	19.02	20.46	19.47	21.15	19.91
2004—2005	19.59	19.28	19.55	21.54	20.04
2005—2006	19.17	19.70	19.48	21.69	19.96
2006—2007	19.29	18.45	19.73	22.25	20.28
2007—2008	17.09	19.32	20.44	22.26	20.89
2008—2009	22.64	18.14	19.09	20.61	19.51
2009—2010	19.84	18.59	19.82	21.52	20.23
2010—2011	19.98	18.94	19.71	21.28	20.08
2011—2012	19.95	18.86	19.81	21.14	20.24
2012—2013	19.47	20.68	19.35	21.14	20.24
1994—2013	19.71	18.93	19.75	21.35	20.26

数据来源：同表4.1。

4.2.4.2 影响因素分析

由表2.12和图2.9对1994—2013年中国能源消费人均碳排放量及其变化的描述可知，1994—2013年，中国能源消费人均碳排放量总体保持持续增长，2013年达到2.54吨/人，年均同比增长率6.29%，比1994年的0.82吨/人增长了2.08倍。1994—2002年同比增长率为1.78%，增长速度较慢，在此期间的绝大多数年份增长率均显著低于1994—2013年年均增长率，在1997—1999年中甚至呈现明显负增长态势，分别为-1.49%，-5.45%，-0.58%，只是在1994—1995年中高于1994—2013年年均增长率。2002—2012年人均碳排放量增长幅度较1994—2002年显著提高，达到8.39%，其峰值出现在2012—2013年，达到21.37%的最高水平。

根据表4.1中国能源消费人均碳排放影响因素GFI分解结果和表4.2中列出的5种影响因素对中国能源消费人均碳排放的贡献率计算结果可知，产业能源消费结构、产业能源消费强度、产业结构、经济发展水平和人口城市化水平5种影响因素，对中国能源消费人均碳排放变化均构成显著影响，其中，产业能源消费结构因素、产业结构因素、经济发展因素和人口城市化因素为正的拉动因素，而产业能源消费强度因素为负的抑制因素。相对而言，经济发展水平因素对人均碳排放变化的贡献程度最高，为 20.698 4（占 21.35%）；人口城市化水平、产业结构和产业能源消费结构因素次之，分别为 19.645 1（占 20.26%）、19.151 7（占 19.75%）和 19.106 3（占 19.71%）；产业能源消费强度因素最低，为 18.359 3（占 18.93%）。

（1）经济发展水平因素。1994—2013 年，经济发展对能源消费人均碳排放变化的贡献率始终维持在 20.6% ~22.3%，而中国人均 GDP（以 1994 年不变价格计算）年均增长率为 8.94%，2013 年比 1994 年增长了 4.08 倍。发展中国家的工业化进程一般是以能源消费作为主要基本投入，而能源消费的直接产物之一就是碳排放，因此作为发展中国家的中国，在该阶段的经济快速发展对人均碳排放量的增加起到了一定的拉动作用。根据徐国泉等（2006）、林伯强等（2009）、朱勤等（2009）、蒋金荷（2011）的分析，经济发展是拉动碳排放增长的最大影响因素，且居主导地位，其影响作用明显高于其他因素。而本章的定量分析显示，虽然经济发展对人均碳排放增长的贡献程度最高，但与其他因素相比，并不具有明显优势，只稍高于其他因素，比贡献程度最低的产业能源消费强度仅高出 2.54 个百分点。据此，我们认为，经济发展是促进碳排放增长的一个重要因素，但相对于其他因素而言，其远未达到起主导作用的程度。同时，经济发展又是发展中国家的必然选择，而发展中国家的经济发展一般是以能源消费作为一项主要基本投入，能源消费投入量的增加在促进经济发展的同时，又不可避免地带来了碳排放增长等环境问题。因此，碳减排政策的制定与途径的选择不能以牺牲经济发展为代价，而应该从结构的优化与效率的提高等方面入手。

（2）人口城市化水平因素。人口城市化对人均碳排放变化的平均贡献率为 20.26%，2013 年，中国城镇人口占总人口比重为 53.73%，是 1994 年的 1.88 倍。近年来，人口城市化作为碳排放的重要影响因素逐渐被纳入学者的分析范围，如达尔顿等（Dalton et al.，2008）、朱远程等（2012）[240]、樊星（2013）[241]。本书在分析碳排放影响因素时对该因素加以考虑和分析，定量分析结果表明，人口城市化对人均碳排放增长具有显著拉动作用，其作用仅次于经济发展因素。人口城市化水平衡量的是人口在城镇中进行生产和生活的比重，而目前城镇人口的生产和生活消费方式对能耗的需求明显高于农村人口，因此，城镇人口比重的增加必然会带来能源消费和碳排放的增加。然而，城市化是中国经济发展的必然趋势，通过降低人口城市化水平的方法来降低中国的碳排放恐怕不太现实，可以考虑采取政策措施加大教育投入和宣传力度，从而促进城镇人口各方面素质与节能环保意识的普遍提高，使其逐步形成能源节约型的生产、生活和消费模式，降低人口城市化作为影响因素本身对碳排放增长的拉动程度。

（3）产业结构因素。产业结构对人均碳排放的增加表现为 19.75% 平均贡献率的正效应。从 1994 年到 2013 年中国的产业结构看，如图 4.1 所示，第二产业产值始终占据主导地位，其所占 GDP 比重从 1994 年的 46.7% 上升至 2013 年的 55.7%。第一产业占 GDP 的比重从 19.9% 降至 7.4%，第三产业从 33.6% 升至 37.4%。而从中国各产业主要能源消费碳排放结构看，如图 4.2 所示同期第二产业所占碳排放比重从 84.14% 升至 89.12%，始终占据绝对主导地位；第一产业比重从 2.01% 降至 0.81%，第三产业比重从 6.37% 升至 7.35%，仅增加了 0.98%。可见，具有低附加值、高能耗特征且占据 GDP 半壁江山的第二产业碳排放在长期内持续稳步增长，其对碳排放增长的正效应超过了具有低能耗特征的第一产业和第三产业对碳排放增长的负效应。因此，产业结构的总体变化对碳排放增长表现较为明显的正效应。朱勤等（2009）、蒋金荷（2011）的分析结果表明，产业结构变化对碳排放增长具有 8% 左右贡献率的正效应。本书得出的结论是产业结构变化对碳排放增长具有显著正效应，平均贡献率达 19.75%。这主要是由于在中国改革开放以来的工业化进程中，附加值低和能耗高的第二产业产值比重持续保持稳步增长，而能耗低的第一产业和第三产业比重和相对降低，第二产业所占 GDP 比重的持续稳步增长对碳排放增长所产生的正效应远超过其他两个产业对碳排放增长的负效应。因此，从节能减排的角度考虑进行产业结构的调整与优化，一方面应该在第二产业内的各行业领域进行资源整合，促进产品升级换代，减少高能耗的资源密集型产品的生产与出口；另一方面，大力发展具有高附加值和低能耗特征的第三产业，不断提高其在国民经济总量中的比重。

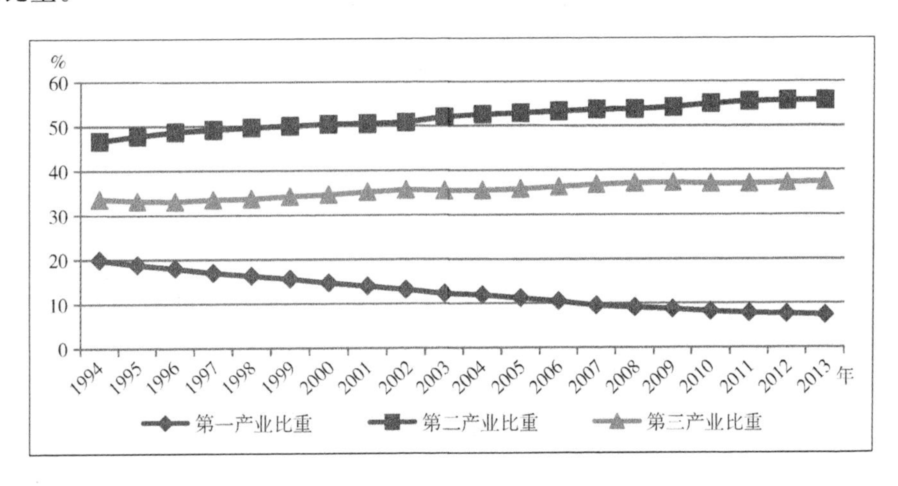

图 4.1 1994—2013 年中国产业结构

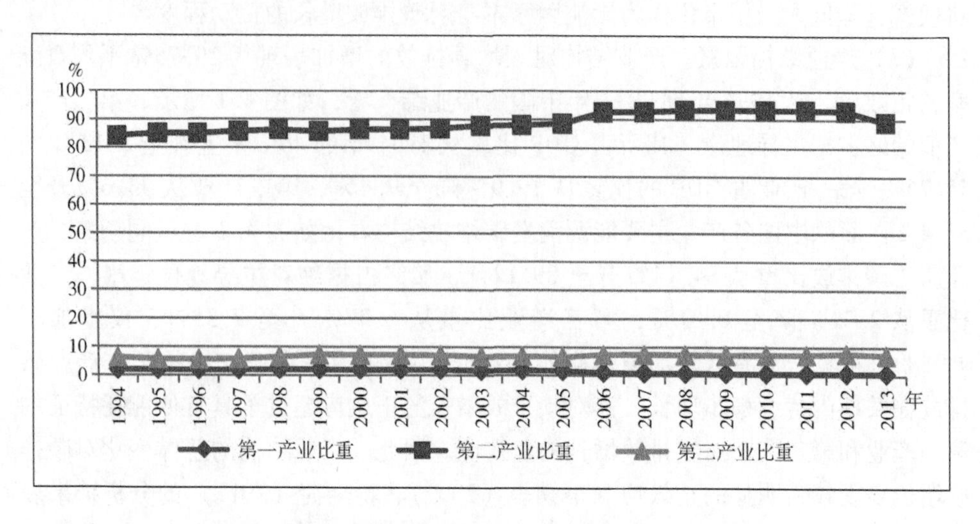

图 4.2 1994—2013 年中国各产业能源消费碳排放结构

（4）产业能源消费结构因素。产业能源消费结构对人均碳排放的增加表现为19.71%平均贡献率的正效应。由于不同种类能源具有不同的碳排放系数，在给定能源消费总量的情况下，各种能源所占比重的不同决定了碳排放大小的不同，因此能源消费结构的变化对碳排放变化也构成一定影响。在8类主要不可再生化石能源及其衍生物中，焦炭的碳排放系数最高，其次是煤炭，然后是燃料油等能源，最低的是天然气。由表4.3可知，在该时期的能源消费碳排放中，煤炭消费的碳排放所占比重占据主导地位，各产业平均达到66.84%，原油次之，再次是焦炭，而其他种类能源消费碳排放比重较小，其总和不到10%。其中，具有最高碳排放系数且碳排放比重占10.16%的焦炭年平均增长率高达2.12%，具有较高碳排放系数且碳排放比重最高的煤炭年平均下降率仅为0.29%，而其他能源碳排放所占比重从总体来看变化不大。在不考虑产业区别的情况下，能源消费结构的变化对碳排放增长应该具有正效应。

表 4.3 1994—2013 年中国主要能源消费碳排放产业能源消费结构分解（%）

能源种类	项目	第一产业	第二产业	第三产业	所有产业平均
煤炭	累积碳排放比重	41.99	69.04	17.19	66.84
	平均变化率	0.06	0.04	-3.25	0.29
焦炭	累积碳排放比重	3.52	11.18	0.32	10.16
	平均变化率	-2.72	1.94	9.87	2.12
原油	累积碳排放比重	0.04	15.07	1.00	13.62
	平均变化率	—	-0.20	3.95	0.12

续表

能源种类	项目	第一产业	第二产业	第三产业	所有产业平均
汽油	累积碳排放比重	6.43	0.42	21.94	2.29
	平均变化率	-0.19	-6.27	0.07	0.05
煤油	累积碳排放比重	0.05	0.03	6.78	0.53
	平均变化率	-0.50	-3.09	2.46	2.07
柴油	累积碳排放比重	47.87	1.14	42.32	2.62
	平均变化率	0.59	-2.95	3.57	46.19
燃料油	累积碳排放比重	0.06	1.59	7.15	1.94
	平均变化率	40.15	-7.12	5.64	-5.35
天然气	累积碳排放比重	0.04	1.54	3.31	1.99
	平均变化率	—	3.98	20.83	5.74

数据来源：作者计算。

从碳排放能源消费结构的产业分解看，在占据碳排放规模绝对主导地位的第二产业中，煤炭消费碳排放所占比重为69.04%，原油为15.07%，焦炭为11.18%，其他种类能源消费碳排放所占比重总和不到5%。其中，煤炭年平均增长率为0.04%，焦炭年平均增长率高达1.94%，其他能源碳排放所占比重从总体看变化不大，因此第二产业的能源消费结构变化对碳排放增长应该具有拉动效应。由于第一产业和第三产业在碳排放产业结构中比重较小，其能源消费结构变化对碳排放变化的效应并不明显。因此，总体的能源消费结构变化和产业能源消费结构变化对碳排放增长表现出拉动效应。

徐国泉等（2006）、朱勤等（2009）分析得出，能源结构变化对碳排放增长具有微弱的抑制效应，林伯强等（2009）得出的结果是，在其所分析的时期内，2000年以前能源消费结构变化对碳排放增长表现为负效应，2000年以后为正效应。本书的分析结果为产业能源消费结构的整体变化对碳排放增长表现出较为显著的拉动效应，平均贡献率达19.71%。产业能源消费结构变化拉动碳排放增长的主要原因是，在占据碳排放规模绝对主导地位的第二产业中，以具有高碳排放系数的煤炭和焦炭为主的能源消费结构不但没有改善，反而有所恶化。因此，需要制定和出台相关产业政策和能源政策，优化产业能源结构，努力提高具有低碳排放系数的天然气在主要能源消费中的比重。另外，有计划地促进包括核电、水电、风电、太阳能、地热能及生物质能等可再生能源的开发与利用，努力保持可再生能源的持续增长。

（5）产业能源消费强度因素。产业能源消费强度对人均碳排放的变化表现为18.93%平均贡献率的负效应。在该时期，中国所有产业平均能源强度及各产业能源强度均呈逐年下降趋势，见图4.3，说明中国各产业能源效率呈逐年提高趋势，其中，所有产业平均能源消费强度从2.55万吨标准煤/亿元（以1994年不变价格计算）降至1.50万吨标准煤/亿元，年均下降2.63%，第二产业能源消费强度下降最为明显，年均下降3.60%，第一产业和第三产业能源消费强度年均下降率分别为1.30%和1.18%。能源消费强度或能源利用效率一般与技术进步、能源消费结构和产业结构等因素有密切联系。根据前面分析，中国该时期的能源消费结构与产业结构变化对能源消费碳排放增长具有正效应，因此，我们有理由相信，该时期中国能源消费强度的下降或能源利用效率的提高是由技术进步引起的，其对中国能源消费碳排放增长起到抑制作用。

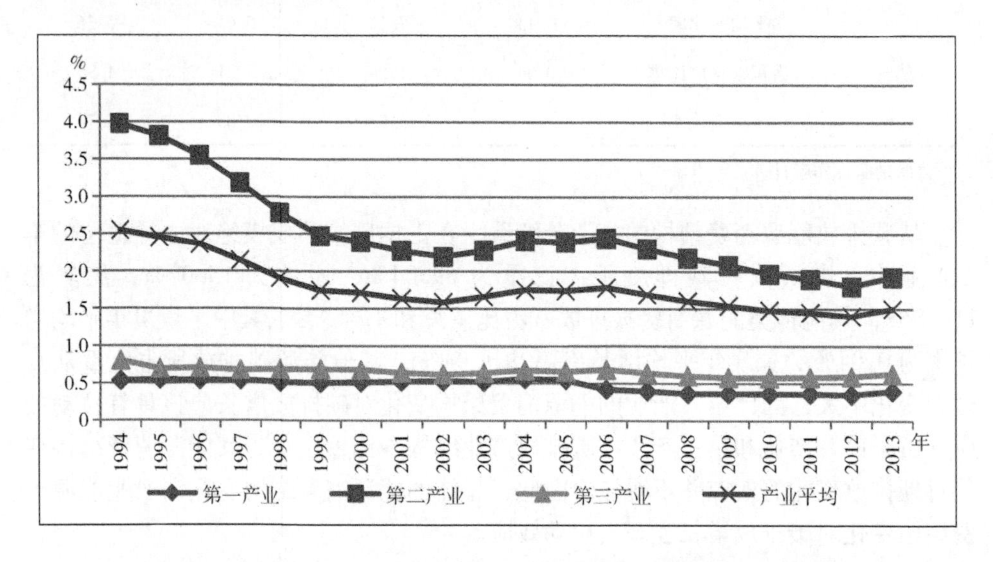

图4.3　1994—2013年中国各产业能源消费强度（万吨标准煤/亿元）

本书得出产业能源消费强度变化对碳排放增长具有较为明显的抑制效应的结论与徐国泉等（2006）、朱勤等（2009）、蒋金荷（2011）的观点基本一致。从而，使我们有理由相信可以通过提高能源利用效率达到碳减排的目标。在三次产业中，第二产业具有最高的能源消费强度，且远高于第一产业和第二产业，所以第二产业应该成为降低能源消费强度的重点。在努力调整相关产业政策和能源政策的同时，制定和出台相关法规与政策，加大对先进节能技术的投资力度，鼓励高能耗企业采用更为先进的生产工艺与技术，督促高能耗企业更新落后的技术设备，加强对各行业企业能源使用与消耗的监督管理，从而提高高能耗行业企业的能源利用效率，实现节能减排的目的。

4.3 碳排放因素分解分析的灰色关联验证

灰色关联分析方法通过对各因素间的发展变化趋势进行比较来衡量各因素间的关联程度。若两因素间的发展变化趋势具有较高的某种一致性，则两者的关联程度较高；反之，则较低。

4.3.1 数据指标的选取

本章的中国能源消费碳排放因素分解分析是将碳排放视为各种影响因素共同作用的结果。根据扩展的约翰恒等式对所包含的影响因素的扩展以及在产业层次分析方面进行的扩展，本章的广义费雪指数因素分解分析所涉及的影响因素包括产业能源消费强度、产业能源消费结构、产业结构、经济发展水平和人口城市化水平五种因素，其中能源消费强度和能源消费结构因素属于产业内变量，因此本章在进行灰色关联分析时对以上两类因素采用产业内的变量进行研究。

仍然选取人均碳排放量作为被研究的碳排放问题，选取的时间区间为1994—2013 年。在各影响因素的指标选取中，产业能源消费强度因素采用第二产业和第三产业能源消费强度指标，即分别用第二产业和第三产业能源消费总量除以各自产业的实际 GDP 而得；产业能源消费结构因素采用第二产业煤炭和焦炭消费占比总和指标，即为第二产业内煤炭和焦炭占产业能源消费总量比重之和；产业结构因素采用第二产业和第三产业占 GDP 比重指标；经济发展水平因素采用实际人均 GDP 指标，即全国实际 GDP 总量与总人口数量之比；人口城市化水平因素采用城镇人口占总人口数量的比重指标，即人口城镇化率指标。以上各指标的数据来源与第 4.2.4.1 节的数据来源相同，各产业实际 GDP 产值和实际 GDP 数据均按 1994 年不变价格计算。

4.3.2 邓氏灰色关联分析

本书在对中国能源消费碳排放因素分解分析结果进行验证时，仍然采用传统的邓氏灰色关联分析方法。

将 1994—2013 年历年中国能源消费人均碳排放量作为主序列，以 $Y_0 = \{y_0(k) \mid k = 1,2,\cdots,20\}$ 表示；将第二产业能源消费强度、第三产业能源消费强度、第二产业煤炭和焦炭消费占比总和、第二产业占 GDP 比重、第三产业占 GDP 比重、实际人均 GDP 和人口城镇化率作为对比序列，分别以 $Y_i = \{y_i(k) \mid k = 1,2,\cdots,20\}(i = 1,2,\cdots,7)$ 表示。并且，将主序列和对比序列分别进行无量纲化处理，得到主序列和对比序列中元素的无量纲化处理结果 $y'_0(k)(k = 1,2,\cdots,20)$ 和 $y'_i(k)(k = 1,2,\cdots,20;i = 1,\cdots,7)$ 。然后由公式 $\Delta_i(k) = |y'_0(k) - y'_i(k)|$，计算得出绝对值差序列：$\Delta_i = \{\Delta_i(k) \mid k = 1,2,\cdots,20\}(i = 1,2,\cdots,7)$ 以及最大

值差 $M = \max_i \max_k \Delta_i(k)$ 和最小值差 $m = \min_i \min_k \Delta_i(k)$ 。并依据公式 $\eta_i(k) = (m+\rho M)/(\Delta_i(k)+\rho M)$ ，求出各相关影响因素与碳排放量的关联系数。其中，ρ 为分辨系数，$\rho \in (0,1)$ ，本书中 ρ 取0.5。

进而，根据公式 $\eta_i = \sum_{k=1}^{20} \eta_i(k)/20(i=1,2,\cdots,7)$ 计算出各相关影响因素与碳排放量的关联度，计算结果见表4.4。

表4.4 各影响因素指标与人均碳排放量的关联度

因素指标	第二产业能源消费强度	第三产业能源消费强度	第二产业煤炭和焦炭消费占比总和	第二产业占GDP比重	第三产业占GDP比重	实际人均GDP	人口城镇化率
η_i	0.709 6	0.741 5	0.785 6	0.789 8	0.785 6	0.902 8	0.867 6

本章的人均碳排放广义费雪指数因素分解结果表明，产业能源消费结构、产业能源消费强度、产业结构、经济发展水平和人口城市化水平五种影响因素对中国能源消费人均碳排放变化均构成显著影响。相对而言，经济发展水平因素对人均碳排放变化的贡献程度最高，人口城市化水平、产业结构和产业能源消费结构次之，产业能源消费强度因素最低。

能源消费人均碳排放量与从产业层次上划分的各影响因素邓氏灰色关联度分析结果如表4.4显示，实际人均GDP与中国能源消费人均碳排放量的关联程度最高，为0.902 8；其次是人口城镇化率、代表产业结构因素的第二产业占GDP比重和第三产业占GDP比重，代表产业能源消费结构因素的第二产业煤炭和焦炭消费占比总和指标，其关联度分别为0.867 6，0.789 8，0.785 6，0.785 6；最低的是代表产业能源消费强度因素的第二产业和第三产业能源消费强度，其关联度分别为0.709 6和0.7415 。所有指标与人均碳排放的关联度最低，但也在0.7以上，说明五种影响因素与人均碳排放均存在显著影响关系。同时，由于灰色关联度分析所选取的指标和数据均来源于广义费雪指数因素分解分析所使用的指标和数据，因此灰色关联度分析结果中，各影响因素对人均碳排放所产生效应的正负，必然与广义费雪指数因素分解分析中，各影响因素效应的正负一致。

邓氏灰色关联分析所使用的指标涵盖了所有影响因素以及产业层次上的指标，分析结果表明，基于灰色关联度分析方法的实证分析结论与广义费雪指数因素分解分析的实证分析结论一致。从而说明由四因素扩展为五因素分析的广义费雪指数因素分解方法，从产业层次角度，更能全面细致地分析各影响因素对中国能源消费人均碳排放的贡献率，及定量分析结果较为准确，符合中国能源消费碳排放的实际情况。

4.4 本章小结

本章对约翰恒等式所涵盖的影响因素进行扩展，将昂等提出的广义费雪指数法由四因素分析扩展为五因素分析，同时，对约翰恒等式在产业层次分析方面进行扩展，与广义费雪指数方法相结合，建立中国能源消费人均碳排放因素分解模型。并利用1994—2013年相关数据定量分析了产业能源消费结构、产业能源消费强度、产业结构、经济发展和人口城市化五因素对中国能源消费人均碳排放变化的影响。该模型可以更加细化碳排放的相关影响因素，从产业能源消费结构和产业结构的调整与优化、产业能源效率的提高、人口结构影响等方面为碳减排提供科学决策依据。

实证分析结果显示，产业能源消费结构、产业能源消费强度、产业结构、经济发展水平和人口城市化五种影响因素对中国能源消费人均碳排放变化均构成显著影响。相对而言，经济发展对中国能源消费人均碳排放变化的贡献程度最高，人口城市化、产业结构和产业能源结构居次，产业能源强度最低。其中，经济发展、人口城市化、产业结构和产业能源结构对人均碳排放增长起到了显著的拉动效应，而产业能源强度对人均碳排放增长表现出了抑制效应。

灰色关联度的实证分析对广义费雪指数因素分解分析的实证分析结论进行了有效验证，证明了基于产业层次分析视角下，在定量分析中国能源消费人均碳排放各影响因素贡献率的过程中，由四因素扩展为五因素分析的广义费雪指数因素分解方法的客观性和准确性，应用此方法得出的结论与中国能源消费碳排放的实际情况相一致。

5 中国能源消费碳排放省域间影响研究

第3、第4章分别从总体水平和产业层次角度研究了各因素对中国能源消费人均碳排放的影响，而从区域层次角度考虑，各区域的碳排放影响因素还存在空间溢出影响效应且各因素的影响效果存在区域差异，也是碳排放影响因素研究中不可忽视的一个重要方面。因此，本章从中国省域层次研究能源消费碳排放及其影响因素对本省域和其他省域的影响，以及各因素的影响效果在省域之间存在的差异性。本章第5.1节基于面板数据展开关于中国省域能源消费碳排放的空间回归研究。将在第3章提出的改进的STIRPAT模型的基础上，对中国省域能源消费碳排放空间面板数据模型进行基本设定，并根据各类检验结果选择具体模型进行估计和溢出效应分析。第5.2节通过地理加权回归模型分析，进行中国省域能源消费碳排放的空间异质性研究。

5.1 基于面板数据的能源消费碳排放空间回归研究

空间自相关性也称空间依赖性，是指一个或一些变量在某一空间单元上的观测数据与其他空间单元的观测数据之间的相关性或相互依赖性，其产生于空间单元之间缺乏独立性的考察。托布勒（Tobler，1970）[242]提出的地理学第一定律指出，任何事物与其他事物都是相关的，且较近的事物间比较远的事物间的相关性或关联性更强。空间相关性的存在意味着传统的计量经济模型并不适用于对空间计量问题的研究。利夫和奥德（Cliff & Ord，1973，1981）首先建立空间自回归模型并提出其参数估计和检验方法，对空间计量经济学做出了开拓性的工作。安瑟兰（Anselin，1988）对空间计量经济学做了深入系统的整理和研究探索，标志着空间计量经济学体系的真正建立。自此之后，有许多学者加入空间计量经济学研究领域，并在不同时期对空间计量模型的设定、估计、检验等问题进行了深入探索和研究，为空间计量经济学的发展做出了关键贡献。随着空间计量模型估计和检验方法逐渐发展与成熟，空间计量数据模型的研究与应用也从空间横截面数据模型扩展为空间面板数据模型。

5.1.1 空间计量模型设定——空间面板数据模型

在计量经济学研究中，根据萧（Hsiao，2003）[243]的总结，相比于传统的横截面数据模型而言，面板数据模型具有许多优势：

（1）对单元间个体异质性的控制。面板数据显示个体异质性一般存在于单元之间（如企业、行业、地区或国家等），而时间序列数据和横截面数据缺乏对这种个体异质性的控制，所以其得到的估计结果很可能是有偏估计。

（2）面板数据增加了数据的变异，可以提供更多的信息，降低了变量间共线性存在的可能性，且具有更大的自由度和更高的估计效率，可以得到更为可靠的参数估计值。

（3）面板数据更适合对动态调整过程方面的研究。单纯的横截面数据表面上相对稳定，事实上却隐藏了大量的变动，包含了多个横截面的面板数据，以表明变量是如何随时间变动而变化的。

（4）使用面板数据可以获得更高的识别效应和测量效应，可以识别和测量单纯的时间序列数据或横截面数据无法估计到的一些变量间的相互影响。

（5）使用面板数据需要更少的约束条件，从而可以构建更为复杂的行为模型。

鉴于面板数据所具有的优势，受到了更多学者的关注并在计量经济学研究中得到了更为广泛的应用，面板计量模型逐渐成为现代计量经济学发展的热门领域。作为计量经济学重要分支的空间计量经济学，在2000年以前，大部分学者主要围绕横截面数据进行空间计量研究。随着面板数据的广泛应用和空间计量方法的逐渐发展，2000年以后，空间面板数据模型成为空间计量经济学关注和探索的主要领域和方向。空间面板数据模型不但包括原有横截面数据模型空间单元间的依赖性和个体信息差异，而且包括了基于时间维度产生的动态信息变化差异。

5.1.1.1 空间交互效应

空间横截面数据模型和空间面板数据模型均是基于空间单元观测值的依赖关系而建立的，这种依赖关系可以划分为三种不同的空间交互效应：

第一，内生交互效应，即某特定空间单元的被解释变量观测值依赖于其他空间单元的被解释变量观测值，如在碳排放影响因素研究中，河北省的碳排放量在依赖于其本省范围内影响因素的同时，还可能依赖于北京市、辽宁省、河南省、吉林省等地区的碳排放量。

第二，外生交互效应，即某特定空间单元的被解释变量观测值依赖于其他空间单元的独立的解释变量观测值，如河北省的碳排放量在依赖于其本省范围内影响因素的同时，还可能依赖于北京市、辽宁省、河南省、吉林省等地区碳排放影响因素观测值。

第三，误差项间交互效应，即特定空间单元中被遗漏的被解释变量决定因素依赖于其他空间单元被遗漏的被解释变量决定因素，如模型中被遗漏的河北省碳排放影响因素取决于其他省域被遗漏的碳排放影响因素。

5.1.1.2 空间横截面数据模型基本设定

基于三种不同的空间交互效应可以产生以下三种基本的空间横截面数据模型设定，关于空间横截面数据模型的研究正是围绕这三种不同的基本模型设定及其结合形式展开的。

（1）空间自回归模型（SLM）：

$$Y = \delta WY + X\beta + \varepsilon \quad (5-1)$$

其中，Y 表示包括 N 个空间单元数或区域数的 $N \times 1$ 维被解释变量观测值向量，X 表示包括每个空间单元中 K 个解释变量观测值的 $N \times K$ 维向量；W 表示 $N \times N$ 维空间权重矩阵；δ 表示空间自回归系数，β 表示 $K \times 1$ 维解释变量系数向量，ε 表示随机误差项向量，服从 0 均值，σ^2 为方差的独立同分布。β 反映了解释变量对被解释变量的影响，WY 反映了被解释变量之间的内生交互效应。

（2）空间误差模型（SEM）：

$$Y = X\beta + \xi \quad (5-2a)$$

$$\xi = \lambda W\xi + \varepsilon \quad (5-2b)$$

其中，λ 表示空间自相关系数，$W\xi$ 反映了不同空间单元的误差项间的交互效应，其余含义与式（5－1）相同。

（3）空间杜宾模型（SDM）：

$$Y = \delta WY + X\beta + WX\theta + \varepsilon \quad (5-3)$$

其中，θ 表示 $K \times 1$ 维空间相关解释变量系数向量，WX 反映了解释变量之间的外生交互效应，其余含义与式（5－1）相同。

5.1.1.3 空间面板数据模型基本设定

空间面板数据模型实际上是空间横截面数据模型在时间维度上的拓展和延伸，同样基于三种不同的空间交互效应可以产生以下三种基本的空间面板数据模型设定，本章根据这三种基本模型设定进行省域能源消费碳排放的空间计量研究。

（1）空间自回归面板数据模型：

$$Y_t = \delta WY_t + X_t\beta + \mu + \varphi + \varepsilon_t \quad (5-4)$$

其中，Y_t 表示包括 N 个空间单元数或区域数的 $N \times 1$ 维被解释变量在 t 时刻的观测值向量，X_t 表示包括每个空间单元中 K 个解释变量在 t 时刻的观测值的 $N \times K$ 维向量，W 表示 $N \times N$ 维空间权重矩阵；δ 表示空间自回归系数，β 表示 $K \times 1$ 维解释变量系数向量，ε_t 表示随机误差项向量，服从 0 均值，σ^2 为方差的独立同分布；μ 表示 $N \times 1$ 维空间特定效应向量，φ 表示 $N \times 1$ 维时间特定效应向量。β 反映了解释变量对被解释变量的影响，WY_t 反映了被解释变量之间的内生交互效应。空间特定效应与时间特定效应可以是固定效应，也可以是随机效应。当为固定效应时，则引入一个虚拟变量；当为随机效应时，其对应特定效应向量内的元素均被看作随机变量，服从0均值，对应的σ_{μ}^{2}或σ_{φ}^{2}为方差的独立同分布。

（2）空间误差面板数据模型：

$$Y_t = X_t\beta + \mu + \varphi + \xi_t \quad (5-5a)$$

$$\xi_t = \lambda W \xi_t + \varepsilon_t \quad (5-5b)$$

其中，λ表示空间自相关系数，$W\xi_t$反映了不同空间单元的误差项间的交互效应，其余含义与式（5-4）相同。

（3）空间杜宾面板数据模型：

$$Y_t = \delta W Y_t + X_t\beta + WX_t\theta + \mu + \varphi + \varepsilon_t \quad (5-6)$$

其中，θ表示$K\times1$维空间相关解释变量系数向量，WX_t反映了解释变量之间的外生交互效应，其余含义与式（5-4）相同。

5.1.1.4　省域能源消费碳排放空间计量模型设定

根据本书第3章对中国能源消费碳排放影响因素的理论与实证研究结果，中国能源消费碳排放的影响因素可以一般性地归结为能源消费强度、能源消费结构、产业结构、经济发展水平、人口规模和人口城乡结构等因素。改进的STIRPAT模型中各解释变量经过逐步的实证检验，以及通过对所构建的具体STIRPAT模型估计结果进行检验和比较表明，以能源消费人均碳排放为被解释变量，以能源消费强度、能源消费结构、产业结构、经济发展水平和人口城市化水平因素为解释变量，且产业结构变量为二次项形式，其余变量为一次线性形式的二次项具体STIRPAT模型（式3-31），分析结果准确度较高，符合中国能源消费碳排放的实际情况。基于此，本章从二次项具体STIRPAT模型（式3-31）出发，结合空间面板数据模型的基本设定，考察中国省域能源消费碳排放的空间相关性或依赖性，建立省域能源消费碳排放空间计量模型。对于模型中的变量，仍然以各省或各地区能源消费人均碳排放作为被解释变量，以能源消费强度、能源消费结构、产业结构、经济发展水平和人口城市化水平因素为解释变量，产业结构变量为二次项形式，其余变量为一次线性形式。根据空间面板数据模型基本设定形式的划分，省域能源消费碳排放空间计量模型同样分为三种基本设定形式。

（1）空间自回归面板数据模型：

$$\begin{aligned}\ln CP_t = {} & \delta W \ln CP_t + \beta_1 \ln EI_t + \beta_2 \ln ECS_t + \\ & \beta_3 \ln ED_t + \beta_4 \ln UB_t + \beta_5 \ln IS_t + \\ & \beta_6 (\ln IS)^2{}_t + \mu + \varphi + \varepsilon_t\end{aligned} \quad (5-7)$$

其中，$\ln CP_t$表示包括N个省或地区在t时刻能源消费人均碳排放量的$N\times1$维观测值向量，$\ln EI_t$，$\ln ECS_t$，$\ln ED_t$，$\ln UB_t$，$\ln IS_t$，$(\ln IS)^2{}_t$分别表示N个省或地区的能源消费强度变量、能源消费结构变量、经济发展水平变量、人口城市化水平变量、产业结构变量，及其二次平方项变量在t时刻的观测值向量，W表示

$N \times N$ 维空间权重矩阵，$W \ln CP_t$ 反映了各省或地区能源消费人均碳排放量之间的依赖关系；δ 表示空间自回归系数，$\beta_i(i = 1,2,\cdots,6)$ 分别表示各项解释变量的系数，分别反映了各项解释变量对被解释变量能源消费人均碳排放量的影响；μ 表示 $N \times 1$ 维空间特定效应向量，φ 表示 $N \times 1$ 维时间特定效应向量，ε_t 表示随机误差项向量，服从 0 均值，σ^2 为方差的独立同分布。

（2）空间误差面板数据模型：

$$\ln CP_t = \beta_1 \ln EI_t + \beta_2 \ln ECS_t + \beta_3 \ln ED_t + \beta_4 \ln UB_t + \beta_5 \ln IS_t + \beta_6 (\ln IS)^2{}_t + \mu + \varphi + \xi_t \tag{5-8a}$$

$$\xi_t = \lambda W \xi_t + \varepsilon_t \tag{5-8b}$$

其中，λ 表示空间自相关系数，$W \xi_t$ 反映了不同空间单元的误差项间的交互效应，其余含义与式（5-7）相同。

（3）空间杜宾面板数据模型：

$$\begin{aligned}\ln CP_t = {} & \delta W \ln CP_t + \beta_1 \ln EI_t + \beta_2 \ln ECS_t + \beta_3 \ln ED_t + \\ & \beta_4 \ln UB_t + \beta_5 \ln IS_t + \beta_6 (\ln IS)^2{}_t + \theta_1 W \ln EI_t + \\ & \theta_2 W \ln ECS_t + \theta_3 W \ln ED_t + \theta_4 W \ln UB_t + \\ & \theta_5 W \ln IS_t + \theta_6 W (\ln IS)^2{}_t + \mu + \varphi + \xi_t\end{aligned} \tag{5-9}$$

其中，$\theta_i(i = 1,2,\cdots,6)$ 分别表示空间相关的能源消费强度变量、能源消费结构变量、经济发展水平变量、人口城市化水平变量、产业结构变量及其二次平方项变量的系数，$W \ln EI_t$，$W \ln ECS_t$，$W \ln ED_t$，$W \ln UB_t$，$W \ln IS_t$，$W(\ln IS)^2{}_t$ 分别表示空间相关的能源消费强度变量之间、能源消费结构变量之间、经济发展水平变量之间、人口城市化水平变量之间、产业结构变量之间，以及产业结构水平二次平方项变量之间存在的外生交互效应，其余含义与式（5-7）相同。

二次项具体 STIRPAT 模型结合空间面板数据模型而建立的省域能源消费人均碳排放空间计量模型，首先通过省域或地区之间能源消费人均碳排放，及其影响因素的空间相关性或依赖性，将本省或本地区的能源消费人均碳排放与具有空间依赖关系的省域或地区的能源消费人均碳排放、能源消费强度变量、能源消费结构变量、经济发展水平变量、人口城市化水平变量、产业结构变量，及其二次平方项变量进行关联，从空间维度上测度具有空间依赖关系的省域或地区的能源消费人均碳排放、能源消费强度变量、能源消费结构变量、经济发展水平变量、人口城市化水平变量、产业结构变量，及其二次平方项变量对本省或本地区的影响；其次从时间维度上测度本省或本地区的能源消费强度变量、能源消费结构变量、经济发展水平变量、人口城市化水平变量、产业结构变量和二次平方项变量，以及具有空间依赖关系的省域或地区的能源消费人均碳排放和以上各解释变量，对本省或本地区能源消费人均碳排放的影响。

5.1.2 空间权重矩阵构建与选择

在空间横截面数据模型和空间面板数据模型的任何一种设定形式中，均使用了一个很重要的概念——空间权重矩阵。众所周知，在时间序列分析中需要引入时间滞后因子对时间维度上的相关性进行刻画，类似的，在空间计量回归模型中同样需要引入空间滞后因子来刻画空间维度上的相关性。所不同的是，在时间序列分析中，时间维度上的时间单元具有沿时间轴变化的先后有序性，而空间维度上的空间单元分布则存在不规则性。为此，空间计量经济学通过设置空间权重矩阵实现空间滞后因子的引入。

尽管空间权重矩阵在空间计量分析中占据着非常重要的地位，但是空间权重矩阵的恰当有效确定，通常被认为存在一定难度并且在众多空间计量研究者间一直存在争议。在一般的空间计量研究中，空间权重矩阵主对角线的元素均为0，即任何空间单元均与其自身不存在空间相关关系；同时，需要对空间权重矩阵进行行标准化，以确保其他空间单元在空间依赖关系中所占的权重均在0~1。然而，在实际的研究中，空间权重矩阵的具体设置与使用往往与实际研究的问题紧密相关，由于人们对具体的空间相互作用关系、空间距离、假设关系等因素认识上的差异以及研究目的的不同，各自所构建和选择的具体空间权重矩阵可能会迥然有异。

5.1.2.1 空间权重矩阵分类

空间权重矩阵 W 通常定义为一个二元 $N \times N$ 维矩阵：

$$W = \begin{bmatrix} 0 & w_{12} & \cdots & w_{1N} \\ w_{21} & 0 & \cdots & w_{2N} \\ \vdots & \vdots & \ddots & \vdots \\ w_{N1} & w_{N2} & \cdots & 0 \end{bmatrix} \tag{5-10}$$

其中，$w_{ij}(i,j = 1,2,\cdots,N)$ 表示区域 i 和区域 j 的空间连接关系，可以根据不同的距离标准或邻接标准外生设定，不用通过模型估计得到；主对角线元素设定为0，即当 $i=j$ 时，$w_{ij}=0$；同时在实际研究中需要对空间权重矩阵 W 进行行标准化，即每行元素标准化为 $[w_{ij}^{*} = w_{ij}/\sum_{j}^{N} w_{ij}]$ 以使矩阵 W 每行元素之和为1。

在空间计量的实际应用研究中，最常用的空间权重矩阵确定方法有以下几种。

（1）二进制权重矩阵。目前的二进制空间权重矩阵主要包括一阶空间邻接矩阵和阈值距离空间权重矩阵两类。一阶空间邻接矩阵是空间邻接矩阵中的基础矩阵，空间邻接矩阵包括一阶空间邻接矩阵、二阶空间邻接矩阵、高阶空间邻接矩阵。二阶空间邻接矩阵和高阶空间邻接矩阵是在一阶空间邻接矩阵的基础上产生的，二阶空间邻接矩阵是在包括了一阶邻接关系的基础上，同时包括“邻接的邻接”即二阶邻接来定义权重矩阵，高阶空间邻接矩阵则是通过同时包括了邻接关系由近到远的多个“邻接的邻接”来定义权重矩阵。二阶空间邻接矩阵和高阶空间邻接矩阵不属于二进制权重矩阵。一阶空间邻接矩阵假定空间单元或区域之间只有存在共同的非零长度边界或共同顶点时，才会发生空间交互作用，基于此原则，发生交互作用时用“1”表示，没有发生空间交互作用时用“0”表示，根据此邻接原则，空间权重矩阵中元素 w_{ij} 的形式为：

$$w_{ij} = \begin{cases} 1, & \text{区域 } i \text{ 与区域 } j \text{ 邻接} \\ 0, & \text{区域 } i \text{ 与区域 } j \text{ 不邻接或 } i = j \end{cases} \tag{5-11}$$

其中，$i,j = 1,2,\cdots,N$ 表示各空间单元或各区域。一阶空间邻接矩阵通常包括基于鲁克（Rook）规则邻接和基于奎恩（Queen）规则邻接，基于鲁克规则邻接只把具有非零长度共同边界的空间单元定义为相互邻接，即取值为 1，而奎恩规则将具有非零长度共同边界和共同顶点均定义为相互邻接。

阈值距离空间权重矩阵是指在既定空间单元的一定距离范围内均存在空间交互作用，即事先确定一个距离阈值 D：当两个不同空间单元之间的距离在阈值 D 范围内时取值为“1”，表示空间邻接；当两个不同空间单元之间的距离大于阈值 D 时取值为“0”，表示不存在空间效应。阈值距离矩阵中元素的形式为：

$$w_{ij} = \begin{cases} 1, & d_{ij} \leqslant D \\ 0, & d_{ij} > D \end{cases} \tag{5-12}$$

其中，d_{ij} 表示两个空间单元或两个区域间的距离。

（2）地理距离权重矩阵。地理距离权重矩阵通常是通过对权重矩阵中的元素 w_{ij} 设定关于距离 d_{ij} 的特定形式而定义的空间权重矩阵，具体有负指数距离矩阵、逆距离矩阵等，其中距离 d_{ij} 一般是通过真实地理坐标计算的距离。负指数距离矩阵事先设定一个参数 γ，矩阵中元素的形式为：

$$w_{ij} = \exp(-\gamma d_{ij}) \tag{5-13}$$

逆距离矩阵通过距离 d_{ij} 的倒数或距离 d_{ij} 倒数的平方，反映空间单元或区域间的空间交互作用随着距离 d_{ij} 的由近到远而逐渐衰减，矩阵中元素的形式为：

$$w_{ij} = \begin{cases} 1/d_{ij}^{\alpha}, & i \neq j \\ 0, & i = j \end{cases} \tag{5-14}$$

其中，α 通常取值为 1 或 2。

（3）经济距离权重矩阵。空间计量的许多研究一般是基于地理上邻接关系或距离关系作为设定空间权重矩阵的起点，然而空间相互作用的产生并不局限于来自地理因素，许多社会的、经济的因素也可能是引起空间效应的重要因素。比如，空间单元的经济发展水平、人力资本量、对外贸易额、社会文化背景和居民文化素质等，均有可能引起空间单元间相互影响作用的产生。因此，基于社会因素距离或经济因素距离设定空间权重矩阵，也是合理考虑实际空间相互作用的重要途径。本书将重点关注以经济发展水平为引起空间效应因素的经济距离权重矩阵，主要原因在于经济发展水平越相近的区域或地区，作为竞争对手越有可能实施相仿或相近的能源消费和碳排放决策。经济距离权重矩阵 G 及矩阵中的元素 g_{ij} 形式为：

$$G = \begin{bmatrix} 0 & g_{12} & \cdots & g_{1N} \\ g_{21} & 0 & \cdots & g_{2N} \\ \vdots & \vdots & \ddots & \vdots \\ g_{N1} & g_{N2} & \cdots & 0 \end{bmatrix} \tag{5-15}$$

$$g_{ij} = \begin{cases} 1/|\overline{E}_i - \overline{E}_j|, & i \neq j \\ 0, & i = j \end{cases}$$

$$\overline{E}_i = \frac{1}{T}\sum_{t=1}^{T} E_{it} \tag{5-16}$$

其中，T 表示时期数，E_{it} 表示经济发展水平变量，可以用区域 i 在 t 时期的实际人均 GDP 来衡量。

（4）函数距离权重矩阵。空间计量经济学实际应用研究的许多问题中所涉及的空间交互作用或空间效应，是地理距离因素和经济因素综合作用的结果，因此，为了尽可能确切恰当地描述实际存在的空间交互作用或空间效应，可以考虑将地理距离权重矩阵和经济距离权重矩阵以某种形式有机结合起来使用，这样在空间计量模型的估计和检验中会取得更好的效果。地理距离权重矩阵和经济距离权重矩阵的结合使用称为函数距离权重矩阵。

5.1.2.2 空间权重矩阵构建

二进制权重矩阵对于符合邻接原则或距离在阈值范围内的空间单元或区域，才承认存在空间交互作用或空间效应，其他不符合的空间单元或区域，通过赋值其空间权重为“0”来表示其不存在空间效应。这一点难以准确地反映现实。比如，江苏省和浙江省与上海市邻接，其他省和地区与上海市不邻接或在阈值范围外，我们显然不能认为上海市仅仅与江苏省和浙江省存在空间交互作用或空间效应。同时，二进制权重矩阵应用还存在另一个问题，就是将符合邻接原则或距离在阈值范围内的空间单元的权重均等同地取值为“1”，对于本书研究的能源消费碳排放问题将不同省域或地区的权重取等同值显然不符合实际。比如，重庆市和山西省均与陕西省邻接，符合邻接原则或阈值距离原则，但显然不能认为重庆市和山西省与陕西省的空间交互作用或空间效应相同。鉴于二进制权重矩阵的以上缺憾，不符合中国省域能源消费碳排放存在空间效应的实际，本研究在进行中国省域能源消费碳排放的空间计量研究时将不考虑二进制权重矩阵。

地理距离权重矩阵的设置符合地理学第一定律，也符合空间相关性由近到远逐渐衰减的思想。但是，笔者认为在研究区域能源消费碳排放仅仅将空间交互作用关系设置为地理距离权重是不够的，可能会忽略经济方面的因素对区域碳排放空间效应的影响，因此，本研究尝试使用函数距离权重矩阵，即使用地理距离权重矩阵和经济距离权重矩阵某种形式的组合研究区域碳排放问题。

在构建函数距离权重矩阵时，仍遵循地理学第一定律中所指出的较近事物间比较远事物间相关性或关联性更强的思想，同时结合源于物理学中万有引力定律的引力模型构建思想来确定矩阵中的元素。

（1）引力模型。引力模型的早期内涵是指两个物体间产生的作用力大小与两个物体间的距离负相关，而与两个物体的质量正相关。经过自弗特（Zift，1946）[244]将其引入空间相互作用研究领域，以及史密斯（Smith，1989）[245]和维特（Witt，1995）[246]的进一步拓展，引力模型已经逐渐成为研究区域和地区间要素流动空间效应的主要模型，被广泛应用于人口迁移、国际贸易量测算的经济领域。简化的空间效应引力模型一般形式可以描述为：

$$SE_{ij} = K\,Q_i\,Q_j/d_{ij} \tag{5-17}$$

其中，SE_{ij} 表示区域 i 和区域 j 的空间效应强度，Q_i 和 Q_j 分别表示区域 i 和区域 j 的人口数、贸易量或投资量等某种规模量，d_{ij} 仍表示区域 i 和区域 j 的距离；K 为常数，通常取值为1。

（2）函数距离权重矩阵构建。从引力模型的一般形式可以看出，除常数 K 外，其余可以分解为两区域规模量乘积与距离倒数两部分。根据引力模型的构建形式，取常数 $K=1$，将经济距离权重矩阵和逆距离权重矩阵中元素对应相乘来设置函数距离权重矩阵中的元素，即经济距离矩阵元素和逆距离矩阵元素分别取代引力模型中两区域规模量乘积和距离倒数。实际上，作为经济距离矩阵元素的两区域经济发展水平差异的倒数，比两区域规模量乘积更能反映出由于模仿效应经济发展水平越相近的区域空间效应越强的实情。所构建的函数距离权重矩阵 WG 及矩阵中元素 wg_{ij} 的形式为：

$$WG = \begin{bmatrix} 0 & wg_{12} & \cdots & wg_{1N} \\ wg_{21} & 0 & \cdots & wg_{2N} \\ \vdots & \vdots & \ddots & \vdots \\ wg_{N1} & wg_{N2} & \cdots & 0 \end{bmatrix} \tag{5-18}$$

$$wg_{ij} = \begin{cases} (1/|\overline{E}_i - \overline{E}_j|)(1/d_{ij}^{\ \alpha}), & i \neq j \\ 0, & i = j \end{cases} \tag{5-19}$$

其中，$\overline{E}_i$，$\overline{E}_j$，d_{ij}，α 的含义与式（5-16）和式（5-14）相同。

5.1.2.3 基于省域能源消费碳排放空间计量的空间权重矩阵应用与选择

具有外生性的空间权重矩阵的合理构建是能够准确进行空间计量研究的前提，为了检验所构建的函数距离权重矩阵的合理性，首先根据所使用的权重矩阵对传统的非空间面板数据模型的四类效应进行安瑟兰等（Anselin et al.，2006）提出的LM检验和埃洛斯特（Elhorst，2010）证明的稳健拉格朗日乘数检验（LM检验），同时检验中国省域能源消费碳排放及其影响因素之间是否存在空间效应，是否应该使用空间面板数据模型进行空间计量分析，从而可以更客观地分析各影响因素对区域层面能源消费碳排放的影响，为区域碳减排制定更有针对性的政策。

（1）数据的来源与说明。本章各省和地区的相关数据选取区间为1997—2013年，主要来源于《新中国六十年统计资料汇编1949—2008》、历年《中国统计年鉴》和《中国能源统计年鉴》以及各省历年统计年鉴。各省能源消费碳排放总量数据是根据历年《中国能源统计年鉴》中提供的1997—2013年的分地区，分品种能源消费量数据，结合《中国能源统计年鉴》中提供的折标准煤系数和本书第2章中根据《2006年IPCC国家温室气体清单指南》提供的各种碳含量缺省值计算的，各主要能源碳排放系数（见表2.9）而计算得出的。由于西藏自治区和港、澳、台地区数据缺失，因此本部分的中国省域能源消费碳排放空间计量实证研究，只涉及除了这些地区之外的其余30个省、直辖市和直辖市的能源消费碳排放空间计量实证分析。所计算的各省份历年能源消费碳排放总量数据，除以《新中国六十年统计资料汇编1949—2008》，历年《中国统计年鉴》分别提供的1997—2008年和2009—2013年的各省年底总人口数据，即得到进行省域空间计量分析所需要的各省能源消费人均碳排放数据（单位：万吨/万人）。对于其中缺失的2001年、2002年宁夏回族自治区和2002年青海省的能源消费总量和分品种能源消费量数据，分别采用《新中国六十年统计资料汇编1949—2008》和薛文珑等（2015）[247]提供的相关数据予以补齐。

能源消费结构变量采用历年《中国能源统计年鉴》中分地区、分品种能源消费量数据中的煤炭和焦炭消费量之和与历年各省能源消费总量数据的比值表示。产业结构水平变量以各省第二产业产值所占总产值比重表示，其数据直接来源于《新中国六十年统计资料汇编1949—2008》提供的1997—2008年数据和历年《中国统计年鉴》提供的2009—2013年数据。能源消费强度用各省能源消费总量与实际GDP之比（万吨标准煤/亿元）表示，经济发展水平用实际人均GDP，即实际GDP与人口总量之比（亿元/万人）表示，其中各省实际GDP按照1997年不变价格计算，以剔除价格因素变动的影响。人口城市化水平以城镇人口或非农业人口占总人口比重表示。各省GDP总值及其指数数据和城镇人口或非农业人口占总人口的比重数据，根据《新中国六十年统计资料汇编1949—

2008》提供的1997—2008年数据和历年《中国统计年鉴》及各省统计年鉴提供的数据整理而得。

经济距离权重矩阵中，即式（5-16）所使用的区域 i 在 t 时期的实际人均GDP，与上一段内容所述各省碳排放影响因素中实际人均GDP的数据来源和计算方法一致，实际GDP仍然按照1997年不变价格计算以剔除价格因素变动的影响。

地理距离权重矩阵中所使用的两个区域之间的距离 d_{ij} 采用 i 省和 j 省的省会之间的直线距离表示，其直线距离计算公式为：

$$d_{ij} = 2 \cdot R \cdot \arcsin\left[\sqrt{\sin^2\left(\frac{\text{Lat}_i - \text{Lat}_j}{2}\right) + \cos(\text{Lat}_i) \cdot \cos(\text{Lat}_j) \cdot \sin^2\left(\frac{\ln g_i - \ln g_j}{2}\right)}\right] \tag{5-20}$$

其中，R 表示地球半径，Lat_i 和 Lat_j 分别表示地点 i 和地点 j 的纬度，$\ln g_i$ 和 $\ln g_j$ 分别表示地点 i 和地点 j 的经度。各省会城市的经纬度采用谷歌地球卫星系统提供的经纬度，据此计算各省会城市之间的直线距离。函数距离权重矩阵元素采用经济距离权重矩阵元素与逆距离权重矩阵元素的组合形式，见式（5-19），本书取 $\alpha = 2$。

（2）LM检验。在进行空间计量建模分析之前，首先应检验各省域能源消费人均碳排放及相关影响因素数据是否适用于空间模型分析，本书采用LM检验和稳健LM检验方法检验其是否存在空间效应。为了更为全面地检验是否存在空间效应，本研究对传统的非空间面板数据模型的四类效应，即无固定效应、空间固定效应、时间固定效应和时间空间双向固定效应，分别进行空间自回归和空间误差LM检验，以及空间自回归和空间误差稳健LM检验，检验结果见表5.1。

表5.1 中国省域能源消费人均碳排放传统非空间面板数据模型的LM检验结果

变量	无控制效应（OLS面板）	空间固定效应	时间固定效应	时间空间双向固定效应
ln*EI*	2.309 6***	2.309 1***	2.324 2***	2.322 2***
	(0.000 0)	(0.000 0)	(0.000 0)	(0.000 0)
ln*ECS*	0.061 6***	0.058 6***	0.042 3***	0.042 7***
	(0.000 0)	(0.000 0)	(0.000 0)	(0.000 0)
ln*IS*	-0.391 1***	0.544 8***	0.796 8***	0.820 7***
	(0.000 0)	(0.005 6)	(0.000 0)	(0.000 0)
ln*ED*	0.983 0***	0.987 0***	0.989 5***	0.989 6***
	(0.000 0)	(0.000 0)	(0.000 0)	(0.000 0)

续表

变量	无控制效应（OLS 面板）	空间固定效应	时间固定效应	时间空间双向固定效应
ln*UB*	-0.004	-0.004 8	-0.005 7	-0.007 1
	(0.397 6)	(0.383 4)	(0.278 1)	(0.180 8)
$(\ln IS)^2$	0.062 0***	-0.065 5**	-0.101 0***	-0.103 9***
	(0.000 0)	(0.014 6)	(0.000 0)	(0.000 0)
R^2	0.997 6	0.997 8	0.997 2	0.997 3
修正的 R^2	0.997 6	0.997 8	0.997 1	0.997 2
σ^2	0.001 2	0.001 1	0.000 7	0.000 7
Durbin - Watson	0.962 9	0.865 4	0.941 5	0.941 6
对数似然值	1.004 5e+003	1.024 1e+003	1.129 9e+003	1.141 2e+003
空间自回归 LM 检验	3.997 9**	5.033 6**	0.291 7	0.213 2
	(0.046)	(0.025)	(0.589)	(0.644)
稳健空间自回归 LM 检验	0.515 2	0.975 7	0.167 3	0.218 5
	(0.473)	(0.323)	(0.683)	(0.640)
空间误差 LM 检验	287.921 0***	293.733 5***	140.117 5***	137.373 7***
	(0.000)	(0.000)	(0.000)	(0.000)
稳健空间误差 LM 检验	284.438 4***	289.675 6***	139.993 1***	137.379 0***
	(0.000)	(0.000)	(0.000)	(0.000)

注：①括号内为检验结果的 p 值；

② *** 和 ** 分别表示在 1% 和 5% 的水平上显著。

从表 5.1 所示的以能源消费人均碳排放的自然对数为被解释变量的空间自回归模型和空间误差模型 LM 检验和稳健 LM 检验结果可以看出，传统非空间面板数据模型的无控制效应、时间固定效应、空间固定效应和时间空间双向固定效应的空间误差 LM 检验和稳健空间误差 LM 检验，均在 1% 的显著性水平上表现为显著；无控制效应和空间固定效应的空间自回归 LM 检验在 5% 的显著性水平上表现为显著。说明所构建的函数距离权重矩阵能够较恰当、准确地反映出中国省域能源消费碳排放具有空间相关性，可以完全拒绝非空间模型，应该使用空间面板数据模型对省域能源消费碳排放进行空间计量研究。

对省域能源消费碳排放的空间自回归模型和空间误差模型进行时间固定效应和空间固定效应的联合非显著性似然比（LR）检验，检验结果见表 5.2。空间自回归模型的空间固定效应 LR 检验结果显示，不能拒绝可以对空间固定效应进行简化的原假设，即可以将空间固定效应简化掉；空间自回归模型的时间固定效应LR检验结果表明，必须拒绝对时间固定效应进行简化的原假设。空间误差模型的空间和时间固定效应LR检验结果显示，必须拒绝对空间固定效应或时间固定效应进行简化的假设。从以上LR检验结果可以看出，对于空间自回归模型可以使用时间固定效应模型，而对于空间误差模型可以扩展为时间空间双向固定效应模型。

表5.2　联合非显著性似然比（LR）检验

模型	固定效应	统计量估计值	自由度	P值
空间自回归模型	空间固定效应	39.323 7	30	0.118 6
	时间固定效应	246.968 1	17	0.000 0
空间误差模型	空间固定效应	385.344 1	30	0.000 0
	时间固定效应	401.013 6	17	0.000 0

5.1.3　空间面板数据模型选择

从LM检验和LR检验可以看出，研究中国省域能源消费碳排放可以使用具有时间空间双向固定效应的空间误差面板模型。但是，如果根据LM检验和稳健LM检验而拒绝计量模型研究的非空间性，具体应该选择空间自回归面板和空间误差面板模型中的哪一种需要谨慎。勒沙杰等（LeSage & Pace，2009）提出，应该首先考虑选用空间杜宾面板数据模型。可以通过检验两个原假设 $H_0: \theta = 0$ 和 $H_0: \theta + \delta\beta = 0$，来判断空间杜宾数据模型是否可以简化为空间自回归模型或空间误差模型。第一个原假设检验空间杜宾数据模型能否简化为空间自回归数据模型，第二个原假设检验空间杜宾数据模型能否简化为空间误差模型。可以使用Wald检验和LR检验方法对前述两个原假设是否成立进行检验，两种检验均服从以K为自由度的卡方分布。如果空间自回归模型或空间误差模型可以被估计时，则可以使用Wald检验和LR检验；如果空间自回归模型或空间误差模型不能被估计，则只能使用Wald检验。

如果同时拒绝两个原假设，说明空间杜宾数据模型能够最恰当地拟合和描述数据，应该采用空间杜宾数据模型。如果只有第一个原假设被拒绝，同时LM检验或稳健LM检验也指向选择空间自回归数据模型，则说明空间自回归数据模型能够最恰当地拟合和描述数据；如果只有第二个原假设被拒绝，同时LM检验或稳健LM检验也指向选择空间误差数据模型，则说明空间误差数据模型能够最恰当地拟合和描述数据。如果选择使用空间自回归数据模型或空间误差数据模型，有一个条件不能被满足，即Wald检验或LR检验指向要选用的模型与LM检验或稳健LM检验指向所选用的模型不一致，则应该选用空间杜宾模型，其选用的原因就是空间杜宾模型可以把其他两种模型包括进来进行一般化。

根据表5.1（稳健）LM检验和表5.2的LR检验结果，建立时间空间双向固定效应空间杜宾数据模型进行Wald检验和LR检验，以确定具体选择哪一种空间面板数据模型。本书建立时间空间双向固定效应、时间空间双向固定效应偏误修正和空间随机效应时间固定效应三种空间杜宾模型进行估计和检验，其估计和检验结果见表5.3。从时间空间双向固定效应和其偏误修正的空间杜宾模型估计结果对比看，无论是各解释变量，还是空间自回归被解释变量以及解释变量的系数和σ^2的偏误修正后变化均不大，说明没有必要对时间空间双向固定效应空间杜宾模型的参数进行偏误修正。从Wald检验和LR检验的结果看，空间杜宾面板数据模型可以简化为空间自回归模型和空间误差模型的两个原假设，在Wald检验和LR检验中均被拒绝了，从而可以确定在中国省域能源消费碳排放影响因素的空间计量研究中空间杜宾面板数据模型更为适宜。

表5.3　时间空间双向特定效应的空间杜宾模型估计和检验结果

变量	时间空间双向固定效应	时间空间双向固定效应（偏误修正）	空间随机效应、时间固定效应
*W*ln *CP*	0.542 0***	0.544 5***	0.070 0***
	(0.000 0)	(0.000 0)	(0.000 4)
ln *EI*	2.345 2***	2.345 3***	2.339 1***
	(0.000 0)	(0.000 0)	(0.000 0)
ln ECS	0.039 5***	0.039 4***	0.042 6***
	(0.000 0)	(0.000 0)	(0.000 0)
ln *IS*	0.593 6***	0.593 2***	0.651 3***
	(0.000 2)	(0.000 3)	(0.000 3)
ln *ED*	0.992 1***	0.992 1***	0.991 3***
	(0.000 0)	(0.000 0)	(0.000 0)
ln *UB*	-0.001 4	-0.001 4	-0.002 3
	(0.780 1)	(0.790 9)	(0.694 3)
$(\ln IS)^2$	-0.074 4***	-0.074 4***	-0.081 7***
	(0.000 5)	(0.000 9)	(0.000)
*W*ln *EI*	-1.296 5***	-1.302 4***	-0.199 0***
	(0.000 0)	(0.000 0)	(0.000 1)
*W*ln ECS	0.014 9*	0.014 8*	0.067 0***
	(0.073 7)	(0.091 1)	(0.000 0)

续表

变量	时间空间双向固定效应	时间空间双向固定效应（偏误修正）	空间随机效应、时间固定效应
Wzln IS	-0.068 1	-0.069 9	0.390 5
	(0.797 1)	(0.801 0)	(0.197 5)
Wln ED	-0.534 7***	-0.537 2***	-0.062 3***
	(0.000 0)	(0.000 0)	(0.002 4)
Wln UB	-0.012 4	-0.012 4	-0.012 9
	(0.152 4)	(0.172 8)	(0.193 3)
W（ln *IS*）^{2}	0.005 8	0.006 0	-0.055 4
	(0.872 9)	(0.873 8)	(0.180 0)
teta	—	—	0.998 0***
			(0.000 0)
R^2	0.999 1	0.999 1	0.997 6
相关系数平方	0.984 7	0.984 4	0.997 5
σ^2	0.000 4	0.000 5	0.000 6
对数似然值	824.870 38	824.870 38	-198 535.77
Wald 检验空间自回归	3 386.20***	3 153.00***	88.596 9***
	(0.000 0)	(0.000 0)	(0.000 0)
LR 检验空间自回归	632.909 8***	632.909 8***	57 430.000 0***
	(0.000 0)	(0.000 0)	(0.000 0)
Wald 检验空间误差	32.555 0***	29.564 2***	73.171 8***
	(0.000 0)	(0.000 0)	((0.000 0))
LR 检验空间误差	786.333 1***	786.333 1***	399 490***
	(0.000 0)	(0.000 0)	(0.000 0)
Hausman 检验	统计量	自由度	P 值
	772.719 2	13	0.000 0

注：①括号内为检验结果的 p 值；

②***和*分别表示在1%和10%的水平上显著。

5.1.4 空间效应选择

与传统的非空间面板模型一样，空间面板模型也分为固定效应模型和随机效应模型。空间面板模型中的空间特定效应可以分为固定效应和随机效应：在空间固定效应中，通过引入一个虚拟变量来表示每个空间单元或区域；而在空间随机效应中，空间特定效应变量被看作是0均值同方差的独立同分布随机变量，且该随机变量与模型随机误差项独立。同样，空间面板模型中的时间特定效应也可以进行类似的设定。目前对于固定效应模型与随机效应模型的选择，通常存在两种方法：一是从理论依据出发，如果样本是全部总体则应该采用固定效应模型；而如果样本是从很大的总体中随机抽取的，可以确定效应的均值和方差，则应该选择随机效应模型；二是从统计依据出发，埃尔霍斯特（Elhorst，2009）将豪斯曼（Hausman）检验扩展到空间面板数据领域，即检验所要考察的特定效应是否与模型中解释变量的观测值相关，原假设为不相关，若不能拒绝原假设则为随机效应，否则为固定效应。

中国省域能源消费碳排放空间计量研究涉及中国30个省、直辖市和地区的样本数据，仅由于数据采集的困难未包含西藏和港澳台地区，因此，从理论依据出发，应该选择固定效应模型。为了确保研究的准确性，本书基于所选取的数据对空间杜宾面板数据模型中的空间特定效应进行Hausman检验，检验结果见表5.3最后一行。Hausman检验统计量估计值为772.719 2，自由度为13，p值为0.000 0，表明必须拒绝原假设，而应该采用固定效应模型。从而，在从理论依据出发的基础上，又从统计依据出发进一步证实应该选用固定效应空间杜宾面板数据模型。

在从理论依据和统计依据出发确定选择固定效应模型的情况下，应该结合中国省域能源消费碳排放实际和模型实际效果，再对无固定效应模型、空间固定效应模型、时间固定效应模型和时间空间双向固定效应模型进行选取。从表5.4和表5.3第1列分别从给出的中国省域能源消费人均碳排放无固定效应、空间固定效应、时间固定效应和时间空间双向固定效应空间杜宾模型的估计和检验结果对比看，时间固定效应模型和时间空间双向固定效应模型中空间自回归解释变量产业结构的系数估计没有通过检验，相比之下，与实际情况的符合度稍差一些；空间固定效应模型与无固定效应模型相比，空间自回归解释变量产业结构的系数估计通过了检验，但是显著性水平稍差一些。根据埃尔霍斯特（Elhorst，2014）提供的检验方法，表5.3最后一列空间随机效应，时间固定效应空间杜宾模型的估计结果中，用来表示测度依附于数据横截面元素权重的估计参数“teta”的值为0.998 0，其相应检验结果的p值为0.000 0，即显著约等于1，说明应该选用无需对空间特定效应进行任何控制的模型，即应该放弃对空间固定效应和时间空间双向固定效应的选择。经过综合对比，无固定效应空间杜宾模型的估计和检验结果更加符合要求和中国省域能源消费碳排放研究实际，因此，选择无固定效应空间杜宾模型对中国省域能源消费碳排放进行空间相关性分析。

表 5.4 无固定效应、空间固定效应与时间固定效应空间杜宾模型估计和检验结果

变量	无固定效应	空间固定效应	时间固定效应
*W*ln *CP*	0.670 0***	0.662 0***	0.555 0***
	(0.000 0)	(0.000 0)	(0.000 0)
ln *EI*	2.346 1***	2.345 7***	2.346 1***
	(0.000 0)	(0.000 0)	(0.000 0)
ln ECS	0.038 9***	0.039 1***	0.039 1***
	(0.000 0)	(0.000 0)	(0.000 0)
ln *IS*	0.541 0***	0.540 8***	0.597 6***
	(0.000 5)	(0.000 8)	(0.000 2)
ln *ED*	0.992 3***	0.992 3***	0.992 2***
	(0.000 0)	(0.000 0)	(0.000 0)
ln *UB*	-0.001 1	-0.001 0	-0.001 3
	(0.820 8)	(0.850 8)	(0.799 3)
(ln*IS*)^2	-0.067 8***	-0.067 8***	-0.075 0***
	(0.001 4)	(0.002 1)	(0.000 6)
*W*ln *EI*	-1.585 1***	-1.565 8***	-1.326 3***
	(0.000 0)	(0.000 0)	(0.000 0)
*W*ln ECS	0.008 9	0.009 5	0.012 2
	(0.171 4)	(0.161 3)	(0.152 4)
*W*ln *IS*	-0.685 1***	-0.556 9**	-0.134 1
	(0.000 0)	(0.015 5)	(0.619 1)
*W*ln *ED*	-0.659 2***	-0.650 1***	-0.548 2***
	(0.000 0)	(0.000 0)	(0.000 0)
*W*ln *UB*	-0.009 8	-0.011 1	-0.010 5
	(0.169 0)	(0.130 1)	(0.233 2)
W (ln *IS*)^2	0.086 5***	0.069 0**	0.014 2
	(0.000 1)	(0.029 1)	(0.698 9)
R^2	0.999 1	0.999 1	0.999 1
相关系数平方	0.998 5	0.998 6	0.983 3
σ^2	0.000 5	0.000 5	0.000 5
对数似然值	1 205.423 1	1 216.963 7	823.337 13
Wald 检验空间滞后	672.733 1***	608.170 4***	3 448.9***
	(0.000 0)	(0.000 0)	(0.000 0)

续表

变量	无固定效应	空间固定效应	时间固定效应
LR 检验空间滞后	397.943 1 ***	381.700 7 ***	613.196 8
	(0.000 0)	(0.000 0)	(0.000 0)
Wald 检验空间误差	52.796 5 ***	41.033 7 ***	25.226 4 ***
	(0.000 0)	(0.000 0)	(0.000 3)
LR 检验空间误差	64.215 5 ***	35.680 3 ***	767.242 3
	(0.000 0)	(0.000 0)	(0.000 0)

注：①括号内为检验结果的 p 值；

② *** 和 ** 分别表示在 1% 和 5% 的水平上显著。

5.1.5 直接效应和间接效应分析

在传统最小二乘回归模型中，由于观测值的独立性假设，解释变量的系数估计值作为被解释变量关于解释变量的偏导可以直接进行解释。而在解释变量或被解释变量存在时间滞后或空间滞后因素的模型中，对估计系数的解释就会变得较为复杂。空间计量模型研究空间单元或区域观测值之间的复杂依赖关系，其估计系数蕴含着大量关于空间单元或区域之间关系的信息。其中，与解释变量相关的改变会影响该空间单元或该区域本身，而且还会潜在地影响其他空间单元或区域，前者为直接效应，后者为间接效应。

空间面板数据模型的基本设定形式（式 5－6）可以化简为：

$$Y_t = (I_N - \delta W)^{-1}(X_t\beta + WX_t\theta) + (I_N - \delta W)^{-1}\mu + (I_N - \delta W)^{-1}\varphi + (I_N - \delta W)^{-1}\varepsilon_t \tag{5-21}$$

其中 W 为 $N \times N$ 维空间权重矩阵，I_N 为 $N \times N$ 维单位矩阵，其余含义与式（5－6）相同。被解释变量 Y 的期望值关于第 k 个解释变量从第 1 个区域到第 N 个区域的偏导矩阵可以写成：

$$\left[\frac{\partial E(Y)}{\partial x_{1k}} \cdots \frac{\partial E(Y)}{\partial x_{Nk}}\right] = \begin{pmatrix} \frac{\partial E(y_1)}{\partial x_{1k}} & \cdots & \frac{\partial E(y_1)}{\partial x_{Nk}} \\ \vdots & \ddots & \vdots \\ \frac{\partial E(y_N)}{\partial x_{1k}} & \cdots & \frac{\partial E(y_N)}{\partial x_{Nk}} \end{pmatrix} \tag{5-22}$$

$$= (I_N - \delta W)^{-1} \begin{bmatrix} \beta_k & w_{12}\theta_k & \cdots & w_{1N}\theta_k \\ w_{21}\theta_k & \beta_k & \cdots & w_{2N}\theta_k \\ \vdots & \vdots & \vdots & \vdots \\ w_{N1}\theta_k & w_{N2}\theta_k & \cdots & \beta_k \end{bmatrix}$$

其中，w_{ij} 为空间权重矩阵 W 的第 i 行第 j 列个元素。根据勒沙杰等（LeSage & Pace，2009）的建议，用式（5－22）右边矩阵的主对角线元素值总和的平均度量直接效应，而用这个相同矩阵的非主对角线元素值的行和（或）列和的平均度量间接效应，直接效应与间接效应之和构成总效应。

5.1.5.1　直接效应与间接效应分解计算

对于式（5－22）右边逆矩阵 $(I_N - \delta W)^{-1}$ 的计算有两种方法：一种是通过每次抽样计算，这里称为计算方法Ⅰ；另一种是通过式（5－23）计算，称计算方法Ⅱ。

$$(I_N - \delta W)^{-1} = I_N + \delta W + \delta^2 W^2 + \delta^3 W^3 + \cdots \tag{5-23}$$

本书根据两种计算方法对中国省域能源消费碳排放无固定效应空间杜宾面板数据模型解释变量的直接效应与间接效应进行了分解计算，其分解计算结果见表5.5。从计算结果可以看出，两种计算方法的差异不大，基本可以忽略不计，当然，如果 N 很大时，最好使用计算方法Ⅱ，因为计算方法Ⅰ会十分耗时。

在传统的非空间模型中，所有解释变量的系数均是显著不等于0的，能源消费强度、能源消费结构（煤炭消费占比）、经济发展水平（实际人均GDP）对能源消费人均碳排放具有正的弹性效应，其弹性值分别为2.309 6，0.061 6，0.983 0；人口城市化率对人均碳排放的边际效应为负，弹性值为－0.004；人均碳排放与产业结构（第二产业比重）之间呈“U”形变化关系。然而，经过LM检验、模型选择以及固定效应和随机效应的选择，发现无固定效应空间杜宾模型是最恰当适宜的模型，所以传统的非空间模型的弹性系数估计是有偏的。由于空间杜宾模型对解释变量的系数估计不能直接表示为解释变量变化对被解释变量的边际效应，所以不能把无固定效应空间杜宾模型的系数估计与非空间模型的系数估计直接进行比较。为了可以直接进行比较，可以根据式（5－22）计算出各解释变量的直接效应和间接效应估计，再进行比较。从表5.4第1列的无固定效应空间杜宾模型估计结果和表5.5的直接与间接效应分解结果对比可以看出，各解释变量系数的估计值与其直接效应不一致，其原因是存在反馈效应。之所以会存在反馈效应，是因为解释变量对本区域的影响会传递到其他区域，并且把其他区域的影响传回本区域。这种反馈效应既可以通过其他区域的被解释变量，也可以通过其他区域的解释变量传递回本区域，即反馈效应部分源于空间自回归被解释变量项的估计系数，部分源于该解释变量本身的空间自回归项的估计系数。

表 5.5　省域能源消费人均碳排放无固定效应空间杜宾模型
解释变量直接效应与间接效应分解结果

变量		计算方法 Ⅰ	计算方法 Ⅱ
ln *EI*	直接效应	2. 342 8*** （214. 629 5）	2. 342 4*** （218. 329 1）
	间接效应	-0. 037 1* （-1. 861 3）	-0. 037 1* （-1. 849 6）
	总效应	2. 305 7*** （129. 031 9）	2. 305 4*** （127. 352 9）
ln ECS	直接效应	0. 047 7*** （17. 003 1）	0. 047 8*** （17. 549 5）
	间接效应	0. 096 8*** （6. 460 8）	0. 097 6*** （6. 681 5）
	总效应	0. 144 5*** （8. 802 8）	0. 145 4*** （9. 076 0）
ln *IS*	直接效应	0. 459 0*** （3. 204 6）	0. 459 7*** （3. 184 8）
	间接效应	0. 896 3*** （-5. 989 5）	-0. 897 9*** （-5. 851 4）
	总效应	-0. 437 3*** （-9. 844 1）	-0. 438 2*** （-9. 857 6）
ln *ED*	直接效应	0. 993 6*** （328. 310 7）	0. 993 7*** （337. 303 6）
	间接效应	0. 015 4 （1. 492 9）	0. 015 3 （1. 439 5）
	总效应	1. 009 0*** （91. 532 4）	1. 009 0*** （89. 038 3）
ln *UB*	直接效应	-0. 003 5 （-0. 739 7）	-0. 003 9 （-0. 841 3）
	间接效应	-0. 029 0* （-1. 894 7）	-0. 029 2* （-1. 934 0）
	总效应	-0. 032 5** （-2. 034 8）	-0. 033 1** （-2. 075 2）
$(\ln IS)^2$	直接效应	-0. 057 3*** （-2. 917 2）	-0. 057 4*** （-2. 910 8）
	间接效应	0. 114 2*** （5. 395 7）	0. 114 4*** （5. 275 7）
	总效应	0. 056 9*** （6. 884 3）	0. 057 0*** （6. 886 2）

注：① Ⅰ为 $(I_N - \delta W)^{-1}$ 通过抽样计算；Ⅱ为 $(I_N - \delta W)^{-1} = I_N + \delta W + \delta^2 W^2 + \delta^3 W^3 + \cdots$ 通过分解计算；
②效应值右边括号内为检验的 t 值；
③ ***，**，* 分别表示在 1%，5%，10% 的水平上显著。

5. 1. 5. 2　直接效应分析

在表 5. 5 计算方法Ⅱ的计算结果中，能源消费强度变量的直接效应为 2. 342 4，意味着非空间模型中能源消费强度变量的弹性 2. 309 6 被低估了 1. 4%；煤炭消费占比变量的直接效应为 0. 047 8，非空间模型中煤炭消费占比变量的弹性 0. 061 6被高估了 28. 87%；实际人均 GDP 变量直接效应为 0. 993 7，非空间模型中该变量弹性 0. 983 0 被低估了 1. 07%；人口城市化率变量系数和直接效应在空间模型估计中并不显著，而在非空间模型中显著为负；第二产业比重变量的直接效应显示人均碳排放与其呈“倒 U”形变化关系（二次项直接效应值为负，一次线性项直接效应值为正），非空间模型中人均碳排放与第二产业比重变量呈“U”

形变化关系（二次项直接效应值为正，一次线性项直接效应值为负），说明非空间模型的系数估计偏差还是比较大的。

5.1.5.3 反馈效应分析

由于能源消费强度变量的直接效应为2.342 4，其无固定效应空间杜宾模型系数估计值为2.346 1，其反馈效应值为 -0.003 7或为其直接效应的 -0.16%；同样的，煤炭消费占比变量和实际人均GDP变量的反馈效应分别是0.008 9和0.001 4，或者分别为其直接效应的18.62%和0.14%；第二产业比重的一次线性项变量和二次平方项变量的反馈效应分别是 -0.08 2和0.010 5，或者分别为其直接效应的 -17.87%和 -18.33%；人口城市化率变量由于其系数估计值并不显著，且其直接效应也不显著，所以可不予考虑。各解释变量的反馈效应值均不大。

5.1.5.4 间接效应分析

无固定效应空间杜宾模型中各解释变量变化的间接效应分别为：能源消费强度变量的间接效应是其直接效应的 -1.58%，煤炭消费占比变量的间接效应是直接效应的204.18%，实际人均GDP变量的间接效应结果并不显著。第二产业比重变量的间接效应显示人均碳排放与其呈“U”形变化关系（二次项直接效应值为正，一次线性项直接效应值为负）。

5.1.5.5 影响因素分析

从实证结果可以发现，本省域的能源消费强度下降1%，会使本省域的能源消费人均碳排放下降2.34%，但是会使有空间关联的省域能源消费人均碳排放平均上升0.04。说明本省域能源利用技术和效率的提高对本省域碳减排具有很强的正效应，同时也会对其他空间关联的省域产生轻微的负效应。这可能是由于本省域能源消费设备和技术的更新与升级会将旧的设备和技术输出到其他省域，从而抑制了其他省域能耗技术水平提高的缘故。

煤炭消费占比的提高对本省域能源消费人均碳排放具有轻微的正效应（弹性为0.047 8），同时对其他省域的碳排放也具有正效应（弹性为0.097 6）。

实际人均GDP增加1%，会带来本省域能源消费人均碳排放增加0.99%，对本省域碳排放具有较强的正拉动效应，而对其他省域的碳排放没有显著影响（间接效应估计结果未通过显著性检验）。

人口城市化率变量系数在空间模型估计中并不显著，且其直接效应也不显著，模型估计系数和直接效应估计结果均未通过显著性检验，说明人口城市化率的变化没有对省域能源消费碳排放产生显著影响。

本省的能源消费人均碳排放量与本省的第二产业比重变量呈“倒U”形变化关系。“倒U”形变化关系将人均碳排放量与本省的第二产业比重变量关系分为两段：人均碳排放量随着第二产业比重值的增加分为递增阶段和递减阶段。二次

项直接效应值为 -0.057 4，一次线性项直接效应值为 0.459 7，对模型关于第二产业比重变量求一阶偏导并令其等于 0 可得到极大值，再将该极大值（对数值）还原，即可得由递增阶段转向递减阶段的转折点第二产业比重值为 54.85%。直接效应“倒 U”形关系的存在使我们发现，当某省的产业结构中第二产业比重小于 54.85% 时，第二产业比重的增加会带来本省人均碳排放量的增长；当大于 54.85% 时，第二产业比重的增加会带来本省人均碳排放量的减少，比如，2005—2008 年的天津市，2005—2012 年的山西省，等等。其他空间关联省域的能源消费人均碳排放量与本省的第二产业比重变量呈“U”形变化关系。其他省域人均碳排放随着本省第二产业比重值的增加分为递减阶段和递增阶段，由递减阶段转向递增阶段的转折点，第二产业比重值可以通过本省第二产业比重的二次项变量和一次线性项变量的间接效应值计算而得，其转折点第二产业比重值为 50.62%。当本省第二产业比重小于 50.62% 时，第二产业比重的增加会带来其他省人均碳排放量的减少；当大于 50.62% 时，第二产业比重的增加会带来其他省人均碳排放量的增长。

5.2　能源消费碳排放的空间异质性研究

空间计量经济学中所说的空间异质性是指地理上的空间异质性或差异性。由于地理空间上的各区域之间缺乏均质性，致使各区域的经济和技术创新行为，以及社会经济发展在地理空间上存在着较大的差异，如城镇中心与城乡接合部、省会城市与其他城市、发达地区与落后地区等地理经济结构不同的区域存在的空间异质性或空间差异性。空间异质性反映了不同空间单元或区域之间在经济行为和经济效果方面普遍存在的一种不平衡性和不稳定性。当空间异质性可以单独考察和考虑时，用传统的经典经济计量方法估计多数是有效的；而当空间异质性与空间相关性同时存在且难以区分时，传统的经典经济计量方法估计可能不再有效。

5.2.1　地理加权回归模型

由于空间异质性的存在，模型中解释变量参数在不同的空间单元或不同区域内应该是不同的，即解释变量参数随着空间单元或区域的变化而变化。此时，采用经典线性回归模型的最小二乘估计得到的解释变量回归参数，将是所有不同空间单元或所有不同区域解释变量回归参数的平均值，不能真实反映回归参数的空间非平稳性和空间差异特征（苏方林，2007）[248]。为了克服这一问题，福斯特等（Foster & Gorr，1986）；戈尔等（Gorr & Olligschlaeger，1994）提出了空间变参数回归模型，即在回归模型中嵌入数据的空间结构，将解释变量的回归参数变成不同观测值空间单元或区域的函数。弗泽英汉姆等（Fortheringham et al.，1997，1997）利用局部光滑思想，在空间变参数回归模型的基础上，提出空间变系数回归模型——地理加权回归模型（GWR）。

地理加权回归模型扩展了经典线性回归模型，将观测值数据的空间单元或区域位置信息嵌入到解释变量回归参数中，使得特定空间单元或区域的解释变量回归参数或系数不再是利用全局信息获得的平均值，而是根据邻近空间单元或区域的子样本观测值数据信息使用局部回归估计得到的，随着空间单元或区域的变化而变化的变量。地理加权回归模型的形式为：

$$y_i = \beta_0(u_i, v_i) + \sum_{j=1}^{k} \beta_{ij}(u_i, v_i) x_{ij} + \varepsilon_i \tag{5-24}$$

其中，y_i 表示第 i 个空间单元或区域的被解释变量；(u_i, v_i) 表示第 i 个空间单元或区域的坐标（经纬度），$\beta_{ij}(u_i, v_i)$ 表示第 i 个空间单元或区域的第 j 个回归参数或系数，是关于坐标的函数；x_{ij} 表示第 i 个空间单元或区域的第 j 个解释变量；ε_i 表示第 i 个空间单元或区域的随机误差项，服从 0 均值同方差的正态分布，且各空间单元或区域的随机误差项间相互独立。

空间权重矩阵是地理加权回归模型的核心，主要是通过选择空间权值函数来描述数据之间的空间关系，因此空间权值函数的选择对地理加权回归模型的有效估计至关重要。勒沙杰（LeSage，2004）[249]提出常用的空间权值函数计算方法有三种：

（1）高斯权值函数：

$$w_{ij} = \Phi\left(\frac{d_{ij}}{\tau\theta}\right) \tag{5-25}$$

其中，d_{ij} 表示区域 i 和区域 j 之间的地理距离，$\Phi(\cdot)$ 表示标准正态密度函数，τ 表示距离的标准差，θ 表示衰减参数。

（2）指数权值函数：

$$w_{ij} = \sqrt{\exp\left(\frac{-d_{ij}}{\varphi}\right)} \tag{5-26}$$

其中，φ 表示第 i 个区域到第 φ 个最近邻之间的距离，d_{ij} 含义与式（5-25）相同。

（3）三次方权值函数：

$$w_{ij} = \left[1 - \left(\frac{\theta}{d_{ij}}\right)^3\right]^3 \tag{5-27}$$

其中，θ 和 d_{ij} 含义与式（5-25）相同。

5.2.2 省域能源消费人均碳排放空间差异分析

中国幅员辽阔，所包括的众多地理区域各具特色，区域差异明显，从而导致碳排放水平及其影响因素所起作用在不同省域间存在较大差异。表 5.6、表 5.7 和表 5.8 分别根据 1997 年、2005 年和 2013 年中国各省域的具体人均碳排放量对其进行分类，以显示人均碳排放的区域差异。

表 5.6 1997 年中国能源消费人均碳排放区域差异

人均碳排放量（吨/人）	0～0.5	0.5～1.0	1.0～2.0	2.0～3.0
省域	海南、广西、江西、福建	湖南、四川、云南、安徽、重庆、陕西、广东、湖北、青海、浙江、贵州、江苏、山东、甘肃	河北、宁夏、吉林、黑龙江、新疆、内蒙古	山西、上海、天津、北京、辽宁

表 5.7 2005 年中国能源消费人均碳排放区域差异

人均碳排放量（吨/人）	0～1.0	1.0～2.0	2.0～3.0	3.0～4.0	>4.0
省域	广西、海南、四川、江西、安徽、湖南	福建、重庆、云南、湖北、河南、贵州、陕西、广东、青海、甘肃、江苏、浙江、黑龙江、吉林	新疆、山东、北京、河北	天津、内蒙古、宁夏、上海、辽宁	山西

表 5.8 2013 年中国能源消费人均碳排放区域差异

人均碳排放量（吨/人）	1.0～2.0	2.0～3.0	3.0～4.0	4.0～7.0	>7.0
省域	四川、湖南、广西、江西、重庆、云南、安徽、北京、河南、湖北、福建、海南、广东	甘肃、贵州、浙江、黑龙江、吉林、江苏	青海省 上海市 山东省 陕西省 河北省	山西、天津、新疆、辽宁	内蒙古、宁夏

从三个年份的人均碳排放量总体差异看，中国省域能源消费人均碳排放呈现较为明显的规律性，基本上表现出以华北地区、东北地区的辽宁省和部分西北地区为中心向其他地区递减的趋势，中国北部地区的人均碳排放量明显高于南部地区。1997 年最高的省级区域为山西、上海、天津、北京和辽宁，人均碳排放量达到 2.0～3.0 吨/人；最低的省份集中在中国的南部地区，分别为海南、广西、江西和福建，人均碳排放量均未超过 0.5 吨/人；除上海市外，南方其他各省的人均碳排放量也均未超过 1.0 吨/人。2005 年人均碳排放量最高的山西省超过

4.0吨/人，其次，天津、内蒙古、宁夏、上海和辽宁的人均碳排放量达到3.0~4.0吨/人；最低的省份分别为广西、海南、四川、江西、安徽和湖南，人均碳排放量均未超过1.0吨/人，分布在中国南方地区；除上海市外，南方其他各省的人均碳排放量均未超过2.0吨/人，明显低于北方地区的人均碳排放水平。2013年人均碳排放量最高的内蒙古和宁夏超过7.0吨/人，其次，山西、天津、新疆、辽宁的人均碳排放量达到4.0~7.0吨/人；南方各省除上海、江苏、浙江和贵州外，其余各省人均碳排放量均未超过2.0吨/人。表明人均碳排放在中国存在显著的区域差异性，北方地区明显高于南方地区，表现出明显的空间异质性，且人均碳排放在北方地区的区域间差异较为明显，南方地区的区域间差异较小。为了深入研究能源消费碳排放影响因素对碳排放增长影响效应的区域差异，需要运用地理加权回归模型做进一步分析。

5.2.3　省域能源消费人均碳排放地理加权回归模型分析

根据第3章提出的改进STIRPAT模型中所包含的碳排放影响因素构建地理加权回归模型，即以各省域能源消费人均碳排放量为被解释变量，以能源消费强度、能源消费结构、产业结构、经济发展水平和人口城市化水平作为解释变量。各变量指标的选取以及数据选取的时间区间和来源均与5.1.2.3节省域能源消费人均碳排放及其影响因素变量数据指标的选取相同。所有变量均取自然对数形式，由地理加权回归模型一般形式（式5-24）与引入的变量指标结合获得的省域能源消费人均碳排放地理加权回归（GWR）模型为：

$$\ln CP_i = \beta_0(u_i,v_i) + \beta_{i1}(u_i,v_i)\ln EI_i + \beta_{i2}(u_i,v_i)\ln \mathrm{ECS}_i + \beta_{i3}(u_i,v_i)\ln IS_i + \beta_{i4}(u_i,v_i)\ln ED_i + \beta_{i5}(u_i,v_i)\ln UB_i + \varepsilon_i \quad (5-28)$$

其中，CP_i表示省域i能源消费人均碳排放量，EI_i表示能源消费强度，即亿元能源消费量，ECS_i表示煤炭消费占比，IS_i表示第二产业比重，ED_i表示实际人均GDP，UB_i表示人口城市化率；特定省域i的解释变量系数β_i是随着空间地理位置变化的变量系数；(u_i,v_i)为中国30个省级区域（因数据缺失，西藏和港澳台地区不包括在内）的经度和纬度。

选取的各变量数据包括1997—2013年30个省级区域的数据。为了尽量减少由于横截面数据中部分指标异常波动而可能带来实证分析的不准确性，使用各变量指标在1997—2013年的平均值进行碳排放地理加权回归模型分析。在进行模型估计时使用交叉验证法（CV）确定最优带宽为3.620 9，并选择指数权值函数进行计算，得到的参数估计结果见表5.9和表5.10。从地理加权回归分析的参数估计结果看，大部分解释变量的系数估计值通过了显著性检验，且符号与预期基本一致。

表 5.9 省域能源消费人均碳排放地理加权回归参数估计结果（最优带宽：3.620 9）

省域	常数	ln *EI*	ln ECS	ln *IS*	ln *ED*	ln *UB*
北京	-3.323 2	1.274 3	-0.146 8	0.671 3	0.750 2	0.321 3
天津	-2.437 8	1.304 2	-0.262 5	0.658 3	0.773	0.223
河北	-3.094 4	1.368 6	-0.123 7	0.616 4	0.866 6	0.259 6
山西	-5.850 2	1.234 9	0.240 9	0.709 3	0.877 1	0.497 7
内蒙古	-7.451 7	1.069 4	0.439 4	0.771 9	0.784 3	0.667 5
辽宁	-0.603 2	1.382 2	-0.206 2	0.393 6	0.987 6	-0.097 3
吉林	-0.582 1	1.383 1	-0.206 7	0.393 3	0.989 0	-0.102 1
黑龙江	0.055 8	1.223 0	-0.100 8	0.030 7	1.148 6	-0.014 8
上海	-1.657 6	1.552 3	0.868 2	0.608 5	1.364 0	-0.034 9
江苏	-0.747 3	1.116 8	0.624 9	-0.565 0	1.189 8	-0.017 4
浙江	-1.040 2	1.433 2	0.758 1	-0.623 2	1.309 0	-0.053 2
安徽	-1.516 7	0.989 5	0.629 9	-0.340 2	1.136 5	-0.043 8
福建	-2.095 5	1.745 4	-0.298 0	0.777 5	0.916 8	0.012 2
江西	-5.320 4	1.047 9	0.101 6	1.221 4	0.782 8	-0.015 0
山东	-2.453 9	1.285 4	-0.176 8	0.602 0	0.841 1	0.179 4
河南	-4.560 6	1.300 7	0.066 6	0.713 2	0.916 0	0.334 0
湖北	-6.563 3	0.924 9	0.262 8	1.173 6	0.756 8	0.192 4
湖南	-5.419 4	1.049 0	-0.434 5	1.704 7	0.487 8	0.135 7
广东	-3.413 6	0.966 4	-0.630 0	1.422 7	0.373 7	0.106 8
广西	-6.597 8	0.685 7	-1.036 9	2.688 2	-0.225 7	0.188 8
海南	-4.492 0	0.884 9	-0.777 3	1.870 2	0.172 1	0.125 2
重庆	-5.325 9	0.470 6	-0.473 2	1.346 9	-0.306 1	0.559 9
四川	-3.106 7	0.323 0	-0.620 7	0.839 4	-0.461 3	0.671 4
贵州	-3.579 4	0.451 7	-0.381 7	0.855 3	-0.189 2	0.488 7
云南	-3.488 9	0.261 7	-0.218 9	0.545 2	-0.353 7	0.609 6
陕西	-8.546 5	1.229 7	-0.229 1	2.080 0	0.828 3	0.322 3
甘肃	-21.156 0	0.175 8	2.978 7	0.652 2	-3.382 7	1.603 7
青海	-24.994 1	0.137 4	3.263 1	1.313 8	-3.796 5	1.622 1
宁夏	-5.876 7	0.136 8	2.425 7	-1.341 0	-0.384 0	0.319 1
新疆	0.019 1	0.018 2	0.074 7	0.071 7	0.001 4	0.070 7

表 5.10　省域能源消费人均碳排放地理加权回归参数估计结果 t 统计量值

省域	常数	ln *EI*	ln ECS	ln *IS*	ln *ED*	ln *UB*
北京	-2.647 0	11.185 1	-0.655 6	5.608 7	7.060 4	2.286 7
天津	-2.167 8	13.573 3	-1.190 3	5.699 7	8.050 2	1.817 0
河北	-2.513 3	15.218 8	-0.542 7	5.368 7	11.634 0	2.191 7
山西	-4.897 0	15.848 2	1.406 3	5.502 8	14.955 9	4.220 3
内蒙古	-6.399 2	10.322 0	3.250 3	4.697 6	6.827 3	4.497 9
辽宁	-2.536 9	Inf	-8.240 7	32.309 1	Inf	-3.451 9
吉林	Inf	Inf	Inf	Inf	Inf	Inf
黑龙江	Inf	Inf	Inf	Inf	Inf	Inf
上海	-1.478 6	7.623 4	1.895 0	-1.039 6	7.323 6	-0.357 9
江苏	-0.734 2	7.941 4	1.607 4	-1.319 7	7.254 8	-0.181 2
浙江	-0.663 3	5.892 4	1.491 9	-0.878 9	6.598 4	-0.452 3
安徽	-1.164 7	7.510 7	1.628 8	-0.781 2	7.198 3	-0.375 7
福建	-0.589 4	5.310 9	-0.632 8	0.758 1	5.008 3	0.065 2
江西	-2.533 3	6.694 7	0.294 3	2.343 1	6.089 6	-0.112 2
山东	-2.470 2	17.710 7	-0.641 3	3.607 9	7.835 0	1.788 1
河南	-2.443 8	13.432 6	0.247 4	3.354 7	12.509 4	2.011 7
湖北	-3.453 1	7.982 1	0.769 5	3.463 4	6.214 2	1.161 1
湖南	-4.842 7	11.832 9	-2.418 8	6.404 4	5.079 8	1.001 0
广东	-12.243 4	22.847 7	-12.238 9	10.555 3	7.669 1	4.243 6
广西	-3.792 4	4.670 5	-4.105 5	3.612 8	-0.702 6	3.020 2
海南	-5.149 3	11.776 1	-5.953 2	4.932 7	1.067 6	3.262 2
重庆	-2.864 7	3.936 0	-2.632 7	3.708 3	-2.248 0	7.953 7
四川	-0.777 4	2.317 5	-2.235 0	0.987 7	-2.358 7	6.326 1
贵州	-2.354 4	2.519 9	-1.969 3	1.553 9	-0.638 2	4.602 9
云南	-7.340 5	5.825 2	-2.911 8	2.820 9	-3.811 5	24.677 5
陕西	-5.055 0	13.788 9	-0.886 9	5.484 7	3.473 5	1.962 5
甘肃	-3.038 2	1.702 3	6.926 1	0.414 7	-6.414 9	5.237 8
青海	-6.270 1	2.483 9	14.771 7	1.485 1	-13.876 2	11.957 0
宁夏	-1.853 1	0.896 6	6.134 6	-1.646 2	-0.889 1	0.794 2
新疆	Inf	Inf	Inf	Inf	Inf	Inf

注：“Inf” 表示统计量值过大，远超出显著性水平。

从表5.11显示的参数估计结果描述性统计情况看，能源消费强度、煤炭消费占比、第二产业比重、实际人均GDP和人口城市化率变量的各个系数在区域间变化较大，差异明显，说明各省域间人均碳排放影响因素的影响效应存在较大差异，需要从局部考察各解释变量对人均碳排放影响程度的空间异质性。

表5.11　地理加权回归参数估计结果描述性统计

	常数	ln *EI*	ln ECS	ln *IS*	ln *ED*	ln *UB*
最小值	-24.994 1	0.018 2	-1.036 9	-1.341 0	-3.796 5	-0.102 1
1/4分位数	-5.742 5	0.524 4	-0.289 1	0.393 4	-0.141 6	-0.008 1
中位数	-3.451 3	1.059 2	-0.135 3	0.690 3	0.777 9	0.190 6
3/4分位数	-1.767 1	1.296 9	0.395 3	1.209 5	0.916 6	0.450 0
最大值	0.055 8	1.745 4	3.263 1	2.688 2	1.364 0	1.622 1
四分位距	3.975 4	0.772 5	0.684 4	0.816 1	1.058 2	0.458 1

5.2.3.1　能源消费强度对人均碳排放影响的空间差异

表5.9的数据显示，能源消费强度变量的估计系数符号均为正，反映了中国不同省域人均碳排放与能源消费强度均呈现正相关，即能源利用技术水平和效率的提高可以抑制碳排放的增长。其中，福建、上海、浙江、吉林、辽宁、河北、天津、河南、山东、北京、山西、陕西和黑龙江等省域能源消费强度弹性系数较大，均在1.2以上；重庆、贵州、四川、云南、甘肃、青海、宁夏和新疆等省域弹性系数较小，均未达到0.5；其中弹性系数最大的是福建，为1.745 4，最小的是新疆，其弹性系数值为0.018 2，最大值是最小值的95.9倍。能源消费强度弹性系数呈现出东部、中部、西部地区递减的趋势，相邻省域的能源消费强度变量弹性系数相似，说明其在空间上具有集聚特征，能源消费强度对人均碳排放影响的空间差异层次较为鲜明。对于东部地区和中部地区来讲，降低能源消费强度对于抑制碳排放增长的效果较为明显，应该加大技术投入，鼓励引进先进技术和技术创新，积极推广应用节能技术产品，淘汰落后的高能耗生产工艺和生产设备，促进节能减排。

5.2.3.2　能源消费结构对人均碳排放影响的空间差异

表示能源消费结构指标的煤炭消费占比变量估计系数，反映了本省域煤炭消费占比对本省域人均碳排放增长的影响和邻近省域煤炭消费占比影响之和。本省域和邻近省域煤炭消费占比对本省域人均碳排放产生较大正效应的省份主要有：青海、甘肃、宁夏、上海、浙江、安徽、江苏和内蒙古等，主要集中在西北地区和华东地区；产生负效应的省份主要有：广西、海南、四川、重庆、湖南、贵州、福建、天津、陕西、云南、吉林、辽宁、山东、北京、河北和黑龙江等，主要集中在西南、华南、华北和东北地区。体现了能源消费结构对人均碳排放影响的一定空间集聚特征和空间差异性。而产生负效应的省份可能是受本省域和邻近省域能源消费结构中，其他能源种类消费比重变化的影响和能源消费强度变化的影响，其人均碳排放不会随着煤炭占比的增加而增长。优化和改善能源消费结构是抑制碳排放增长的有效途径，特别是西北地区和华东地区，应减少煤炭燃料的消费，增加清洁新能源的消费比重。

5.2.3.3 产业结构对人均碳排放影响的空间差异

产业结构因素以第二产业比重指标表示，其系数估计值是对本省域和邻近省域第二产业比重影响本省人均碳排放的反映。影响的弹性系数较大的省份主要有广西、陕西、海南、湖南、广东、重庆、青海和江西等，弹性系数均在 1.2 以上，主要集中在南部地区和西北部分地区。安徽、江苏、上海、浙江和宁夏地区弹性系数为负，由于本省域和邻近省域第三产业的加快发展和第二产业内部能源利用技术和效率的提高，导致其人均碳排放与第二产业比重呈负相关。说明调整和优化产业结构以及提高能源利用技术和效率，是抑制人均碳排放增长的关键因素，尤其是弹性系数较高的南部地区和西北部分地区，在工业化高速发展的进程中，更应该加快第三产业的发展速度，同时加大技术投入，加速促进第二产业技术更新。

5.2.3.4 经济发展水平对人均碳排放影响的空间差异

经济发展水平因素用实际人均 GDP 指标衡量，其系数估计值反映了本省和邻近省域实际人均 GDP 水平的变化，对本省域人均碳排放产生的影响。影响弹性系数较大的省份主要有：上海、浙江、江苏、黑龙江、安徽、吉林、辽宁、福建和河南等地，弹性系数均在 0.9 以上，主要集中在东北三省和华东地区。其次是山西、河北、山东、陕西、内蒙古、江西、天津、湖北和北京等地，弹性系数均在 0.75 ~ 0.9 之间，主要集中在华北地区及其周围各省。说明华北地区及其周围各省、东北三省和华东地区的经济发展对碳排放增长有较强的正效应，这些地区在工业化进程中应着力尽快转变高能源投入、高污染的经济增长方式，优化产业结构，提高能源利用效率，扩大新能源投入比重。

5.2.3.5 人口城市化水平对人均碳排放影响的空间差异

人口城市化水平的估计系数体现了本省和邻近省域人口城市化率的变化，共同对本省域人均碳排放的影响。影响较大的省份有青海和甘肃，弹性系数在 1.6 以上；其次是四川、内蒙古、云南、重庆、山西和贵州等地，弹性系数在 0.4 ~ 0.7 之间。这些人口城市化水平因素对人均碳排放影响比较大的省份主要集中在西南、西北和华北地区。在中国工业化高速发展的背景下，人口城镇化率仍将会有所上升，在这样的趋势背景下，这些地区应加大教育和宣传，以提高城镇人口环保意识，逐步形成节能型生活方式，从而降低人口城市化作为影响因素对碳排放增长的拉动影响。

5.3　本章小结

本章在基于面板数据的中国省域能源消费碳排放空间回归研究方面，以第3章提出的改进的具体STIRPAT模型—二次项模型为基础，构建了空间面板数据模型。利用1997—2013年中国能源消费人均碳排放及其影响因素指标的相关数据，进行空间杜宾面板数据模型估计和直接效应与间接效应分析，证实了中国省域能源消费人均碳排放之间存在的空间相关性，通过直接效应与间接效应分析实证考察了各影响因素对人均碳排放的影响，得出以下主要结论：

（1）LM检验和稳健LM检验以及联合非显著性似然比（LR）检验结果说明，所构建的函数距离权重矩阵能够较恰当、准确地反映中国省域能源消费碳排放具有空间相关性，可以完全拒绝非空间模型，应该使用空间面板数据模型对省域能源消费碳排放进行空间计量研究。

（2）根据Wald检验和LR检验结果可以确定，在中国省域能源消费碳排放影响因素的空间计量研究中，空间杜宾面板数据模型更为适宜，并经过综合对比四类效应空间杜宾模型的估计结果，应选择无固定效应空间杜宾模型对中国省域能源消费碳排放进行空间相关性分析。

（3）无固定效应空间杜宾模型的直接效应和间接效应分解结果显示，各影响因素中能源消费强度变量对本省人均碳排放产生正直接效应，而对其他省域产生轻微的负间接效应；以煤炭消费占比指标表示的能源消费结构变量，对本省人均碳排放具有轻微的正直接效应，同时对其他省域具有更大的正间接效应；代表经济发展水平的实际人均GDP对本省有较大的正直接效应，而对其他省域没有产生间接效应；人口城市化率变量对本省和其他省域碳排放均未产生显著影响；代表产业结构变量的第二产业比重指标，对本省产生直接效应的同时对其他省域产生间接效应，本省人均碳排放量与本省的第二产业比重变量呈“倒U”形变化关系，其他空间关联省域的能源消费人均碳排放量与本省的第二产业比重变量呈“U”形变化关系。

在中国省域能源消费碳排放的空间异质性研究方面，得出以下结论：

（1）能源消费人均碳排放在中国存在显著的区域差异性，北方地区明显高于南方地区，表现出明显的空间异质性，且人均碳排放在北方地区的区域间差异较为明显，南方地区的区域间差异较小。

（2）能源消费强度、能源消费结构、产业结构、经济发展水平和人口城市化水平因素，对能源消费人均碳排放的影响均表现出显著的区域差异性和空间异质性。能源消费强度对人均碳排放影响较大的省份主要集中在东部和中部地区，能源消费结构影响较大的省份主要集中在西北地区和华东地区，产业结构影响较大的省份主要集中在南部地区和部分西北省份，经济发展水平影响较大的省份主要集中在东北三省、华东地区、华北地区及其周围各省，人口城市化水平影响较大的省份主要集中在西南、西北和华北地区。各区域应根据不同影响因素对本区域碳排放影响作用的不同，有选择、有重点地实施有效措施，以控制碳排放的快速增长。

6 结论与政策建议

改革开放以来，中国的经济发展取得了令世界瞩目的成就，工业化和城市化进程的速度位居世界首位。然而，在迅速工业化和城市化进程中，与之相伴的是能源消耗过快增长、能源效率总体偏低等能源问题，以及由此而带来的诸如大气污染、温室效应等环境问题日益突出。当今全球的资源环境压力和国家社会舆论环境压力已经不允许中国再走发达国家曾经走过的“先污染、后治理”的经济发展老路。因此，全方位地系统研究和分析中国能源消费碳排放的影响因素，从而制定有针对性的政策和措施，尽快实现节能减排目标，走上低碳经济发展之路，显得尤为必要。

6.1 研究结论

本书在查阅和梳理国内外大量文献和相关理论研究成果的基础上，基于能源消费产生的碳排放问题，对中国的能源消费特征进行了描述性统计分析，并对中国基于能源消费而产生的碳排放进行了测算分析，结合理论分析和构建的“线性格兰杰因果检验—非线性动态变化趋势检验—非线性格兰杰因果检验”实证检验框架，对中国能源消费人均碳排放与相关影响因素的具体关系进行分析，并建立具体改进的STIRPAT模型进行估计、比较分析和具体模型选择。在理论和实证检验分析的基础上，对约翰恒等式进行影响因素数量和产业层次分析方面的扩展，与广义费雪指数方法相结合，建立因素分解模型进行碳排放影响因素产业层次方面的分析，并以改进的二次项模型为基础，构建空间面板数据模型进行估计和溢出效应分析，考察了中国省域能源消费人均碳排放的空间相关性，最后通过地理加权回归模型分析进行中国省域能源消费碳排放的空间异质性研究。本书的主要研究结论如下：

（1）中国能源消费人均碳排放量与碳排放总量的增长和变化趋势基本一致，呈不断增加态势，而碳排放强度基本呈逐步下降趋势。从中国与“G8+5”国家中其他国家碳排放历年变化特征的横向对比分析看，中国的碳排放总量将持续维持在一定高度并可能在未来一定时期内继续高居世界首位；中国作为发展中国家和人口超级大国，人均碳排放量在2002年以前一直较低，但近年来增幅较大并超过了一些欧洲发达国家；截至2013年，中国的碳排放强度绝对值在“G8+5”国家中最高，但从变化趋势看，1992年到2013年中国的碳排放强度下降了近

1/2，下降速度高于“G8 +5”中的其他国家。采用GM（1，1）模型对中国能源消费人均碳排放量和碳排放强度指标变量进行预测的结果表明，中国在实现碳减排和低碳经济发展过程中，应重点考虑和分析的指标变量不是碳排放强度，而是人均碳排放指标。

（2）改进的STIRPAT模型所包括的碳排放影响因素理论分析和“线性格兰杰因果检验—非线性动态变化趋势检验—非线性格兰杰因果检验”的实证检验结果表明：一方面，能源消费强度、能源消费结构、产业结构、经济发展水平和人口城市化水平因素，均对中国能源消费人均碳排放产生单向线性影响，具备了构建人均碳排放与此五项相关影响因素间线性回归模型的实证基础；另一方面，存在从产业结构变动到人均碳排放变化的单向非线性格兰杰原因，应该在所构建的人均碳排放与五种相关影响因素的线性回归模型基础上，进一步融入产业结构因素与人均碳排放的非线性关系模型。在此基础上经过比较而选择的二次项具体STIRPAT模型估计结果显示：能源消费强度的逐年不断降低对碳排放的增长表现为显著的负效应；中国煤炭消费占比整体水平的下降给中国能源消费人均碳排放带来一定的负增长效应；中国高速的实际经济增长导致碳排放的相应高速增长，在抵消了能源消费强度对碳排放产生的负效应基础上，还对碳排放增长具有较强的净拉动效应；人口城市化因素对中国能源消费碳排放存在效果相对较低的正影响效应；人均碳排放与第二产业比重确实存在着显著的“U”形变化关系，即将人均碳排放与第二产业比重间的关系分为递减阶段和递增阶段，其转折点的第二产业比重值为41.66%，中国第二产业比重自1971年以来均高于转折点，说明自1971年开始，中国能源消费人均碳排放与第二产业比重呈正相关关系。

（3）扩展的约翰恒等式与广义费雪指数方法相结合而建立的中国能源消费人均碳排放因素分解模型，对碳排放影响因素在产业层次方面的实证分析结果显示，经济发展对中国能源消费人均碳排放变化的贡献程度最高，人口城市化、产业结构和产业能源结构居次，产业能源强度最低。其中，经济发展、人口城市化、产业结构和产业能源结构对人均碳排放增长起到了显著的拉动效应，而产业能源强度对人均碳排放增长表现出了抑制效应。

（4）在基于面板数据的中国省域能源消费碳排放空间回归研究方面，以改进的具体STIRPAT模型——二次项模型为基础，构建了空间面板数据模型。利用1997—2013年中国能源消费人均碳排放及其影响因素指标的相关数据，进行空间杜宾面板数据模型估计和溢出效应分析，证实了中国省域能源消费人均碳排放存在的空间相关性，并通过溢出效应分析实证考察了各影响因素对人均碳排放的影响。中国省域能源消费碳排放的空间计量研究结果表明：

第一，地理距离权重矩阵和经济距离权重矩阵相结合，而构建的函数距离权重矩阵能够较恰当准确地反映中国省域能源消费碳排放具有空间相关性，可以完全拒绝非空间模型，应该使用空间面板数据模型对省域能源消费碳排放进行空间计量研究。

第二，在中国省域能源消费碳排放影响因素的空间计量研究中，空间杜宾面板数据模型更为适宜，经过综合对比四类效应空间杜宾模型的估计结果，应选择无固定效应空间杜宾模型对中国省域能源消费碳排放进行空间相关性分析。

第三，各影响因素中能源消费强度变量对本省人均碳排放产生正直接效应，而对其他省域产生轻微的负间接效应；以煤炭消费占比指标表示能源消费结构变量，对本省人均碳排放具有轻微的正直接效应，同时对其他省域具有更大一些的正间接效应；代表经济发展水平的实际人均 GDP 对本省有较大的正直接效应，而对其他省域没有产生间接效应；人口城市化率变量对本省和其他省域碳排放均未产生显著影响；代表产业结构变量的第二产业比重指标对本省产生直接效应，同时对其他省域产生间接效应，本省人均碳排放量与本省的第二产业比重变量呈“倒 U”形变化关系，其他空间关联省域的能源消费人均碳排放量与本省的第二产业比重变量呈“U”形变化关系。

（5）在中国省域能源消费碳排放的空间异质性研究方面，人均碳排放量的区域差异分析和地理加权回归模型分析结果显示：

第一，能源消费人均碳排放在中国存在显著的区域差异性，北方地区明显高于南方地区，表现出明显的空间异质性，且人均碳排放在北方地区的区域间差异较为明显，南方地区的区域间差异较小。

第二，能源消费强度、能源消费结构、产业结构、经济发展水平和人口城市化水平因素对能源消费人均碳排放的影响均表现出显著的区域差异性和空间异质性，能源消费强度对人均碳排放影响较大的省份主要集中在东部和中部地区，能源消费结构影响较大的省份主要集中在西北地区和华东地区，产业结构影响较大的省份主要集中在南部地区和部分西北省份，经济发展水平影响较大的省份主要集中在东北三省、华东地区、华北地区及其周围各省，人口城市化水平影响较大的省份主要集中在西南、西北和华北地区。各区域应根据不同影响因素对本区域碳排放影响作用的不同，有选择、有重点地实施有效措施，以控制碳排放的快速增长。

6.2 政策建议

经济发展对于促进中国碳排放增长具有较强的正拉动效应。然而，经济发展又是发展中国家的必然选择，发展中国家的经济发展一般是以能源消费作为主要基本投入，能源消费投入量的增加在促进经济发展的同时，又不可避免地带来碳排放增长等环境问题。研究认为，对于发展中的中国而言，碳减排政策的制定与途径的选择不能以牺牲经济发展为代价，而应该从结构的优化与效率的提高等方面入手。

6.2.1 完善能源价格机制，提高低质能源消费成本

目前，政府在能源价格方面尚存在许多垄断与管制，能源的市场价格相对偏低，在较低的能源投入成本刺激下，企业在生产过程中可以投入大量的诸如煤炭等低质能源，从而导致高碳排放。

第一，应在政府引导下，充分发挥市场机制中价格杠杆的调节作用，抬高企业低质能源的价格与投入成本，促进低碳能源产业的市场竞争与发展，逐步推进以煤炭消费为主的高污染、高排放型能源消费结构，向以新型可再生能源消费为主的清洁型能源消费结构转变。

第二，政府可以通过两种途径提高能源消费价格和成本，从而提高能源利用效率，最终达到碳减排的目的。一是通过放开对能源价格的垄断与管制的方式，由市场决定价格和配置资源，即通过市场机制逐步提高能源消费价格和成本；二是实行较高的能源税收政策，直接对能源消费价格和成本进行调整。在高投入成本下促使企业努力提高生产技术和实现低质能源的高效利用，使能源在行业和企业间达到最有效率的利用。

6.2.2 调整能源消费结构，推进清洁新能源开发与利用

从能源消费结构看，在各类主要的不可再生化石能源及其衍生物中，煤炭消费在能源消费总量中始终占据着主导地位。由研究结论可知，从总体水平看，煤炭消费占比的下降可以给人均碳排放带来一定的负增长效应；而从产业层次角度讲，产业能源结构变化对人均碳排放增长具有显著的拉动效应。因此，调整和优化整体能源消费结构，减少对具有高碳排放系数和高污染煤炭资源的过度依赖，实现整体能源消费结构向低能耗发展的根本转变，是有效实现碳减排和低碳经济发展的必然要求。

第一，优化产业能源结构，促进可再生清洁能源的开发利用。在具有低附加值、高能耗特征且占据碳排放规模绝对主导地位的第二产业中，制定和出台相关产业政策和能源政策，在严格控制能源消费总量增长的同时，引导各行业和企业推进煤炭等高碳排放系数能源的清洁高效利用，努力提高具有低碳排放系数的天然气在主要能源消费中的比重。另外，有计划地促进包括核电、水电、风电、太阳能、地热能及生物质能等可再生能源的开发与利用，努力保持可再生能源的持续增长。

第二，空间相关性和空间异质性分析结果表明，以煤炭消费占比指标表示的能源消费结构变量，对本省域人均碳排放具有轻微的正直接效应，同时对其他省域具有更大的正间接效应，且能源消费结构影响较大的省份主要集中在西北地区

和华东地区，如青海、甘肃、宁夏、上海、浙江、安徽、江苏和内蒙古等省级区域。对于这些省域，应制定和出台相关的科技投入和能源政策，加大自主研发和科技成果的转化力度，高度重视可再生能源和其他新型能源的开发与利用技术，调整和优化本省域经济发展过程中的能源消费结构，减少其对具有高碳排放系数和高污染的煤炭资源的过度依赖，增加低排放或零排放的新型可再生清洁能源的充分利用。通过能源的替代消费，达到降低碳排放和保护生态环境的目的，从而实现经济的可持续发展。

6.2.3 大力发展第三产业，推动产业结构优化升级

在总体水平上，从产业结构变化与碳排放的关系看，自 1971 年开始，中国能源消费人均碳排放与第二产业比重呈正相关关系；在产业层面上，产业结构变化推动了人均碳排放的增长。目前，第二产业仍是中国经济发展的重要支柱产业，中国经济发展很大程度上依然依赖于高能耗、高碳排放产业的发展。加快速度促进产业升级换代，在限制和降低第二产业发展规模的基础上提高第三产业发展比重，是降低碳排放对生态环境的破坏和实现可持续发展的重要途径。

第一，促进行业资源整合，推动产业结构优化升级。一方面，应该在第二产业内的各行业领域进行资源整合，促进产品升级换代，减少高能耗的资源密集型产品的生产与出口；另一方面，加大力度培养和支持战略性新兴产业发展，同时大力发展具有高附加值和低能耗特征的第三产业，不断提高其在国民经济总量中的比重。

第二，空间异质性分析结果表明，产业结构影响较大的省份主要集中在中国南部地区和部分西北省份，如广西、陕西、海南、湖南、重庆、青海和江西等省域。对于这些省域，应积极推动现代服务业的加速发展，转变当前的经济增长方式，限制第二产业规模，促使第三产业在国民经济总量中的比重加速增长，使得经济水平的增长或 GDP 增加值由原来主要创造于第二产业转变为主要来源于第三产业，降低对高碳排放和高污染能源的依赖，迅速走上低碳经济之路，减少经济发展过程中碳排放对生态环境的严重破坏，实现可持续发展。

6.2.4 积极推进技术进步，提高能源利用效率

中国能源消费强度总体水平的不断降低，对碳排放的增长表现为显著的负效应，说明能源利用技术进步对碳减排具有积极的正向促进作用；产业层次角度的分解分析研究结论也表明，产业能源强度对人均碳排放的增长表现出抑制效应。近些年，中国的经济高速发展和各项节能政策措施的有效实施，带来了科学技术水平和能源利用效率一定程度的提高，但减排技术和低碳技术的总体水平尚存在进一步提高的空间。加大碳减排科研投入，鼓励和促进高效技术在中国能源开

发、加工转换和投入使用等诸环节的应用与推广，大力发展低碳技术，是顺利实现既定减排目标的有效途径。

第一，通过建立完善的法律和政策，结合节能减排行动，引导企业提高企业自身的能源利用效率和技术水平，有效控制各产业和行业所产生的二氧化碳排放，进一步减少企业生产过程中的温室气体排放。

第二，加大第二产业节能技术投资力度，提高产业和行业能源使用效率。在加强节能管理和强化节能评估考核机制的基础上，加快重点节能工程建设并不断完善能效标识和标准，加大对先进节能技术的投资力度，鼓励高能耗企业采用更为先进的生产工艺与技术，督促高能耗企业更新落后的技术设备，加强对各行业企业能源使用与消耗的监督管理，大力发展循环经济。

第三，空间相关性和空间异质性分析结果显示，能源消费强度一般会对本省域人均碳排放产生正直接效应，且能源消费强度对人均碳排放影响较大的省份主要集中在东部和中部地区，如福建、上海、浙江、吉林、辽宁、河北、天津、河南、山东、北京、山西、陕西和黑龙江等省级区域。对于这些省域，应重点考虑加大投资力度，开发和引进先进节能技术并落实到生产企业，颁布政策并采取具体措施鼓励和督促高能耗企业对陈旧落后的生产技术设备进行更新换代，并对各行业企业的能源消费与使用加强管理与监督，从而提高能源利用效率，降低能源消费强度，进而以更低的能耗实现经济水平的进一步增长，降低碳排放，实现本省域的可持续发展。

6.2.5　提高节能环保意识，合理规划城镇布局

人口城市化因素对中国能源消费碳排放存在正影响效应或拉动效应。未来一段时期中国人口城镇化率仍将在持续上升的背景下，应积极促进工业结构转变，同时加大教育投入和宣传力度，促进城镇人口各方面素质与节能环保意识的普遍提高，逐步形成能源节约型的生产、生活和消费模式，降低人口城市化作为影响因素本身对碳排放增长的拉动程度。

空间异质性分析结果显示，人口城市化水平影响较大的省份主要集中在西南、西北和华北地区，如青海、甘肃、四川、内蒙古、云南、重庆、山西和贵州等省域。对于这些省域，在其城镇化发展的过程中，除切实努力提高城镇居民节能环保意识外，还应防止城镇盲目扩张发展，科学规划城镇结构，高效合理利用资源环境，明确城镇发展的功能定位和产业定位，有效控制城镇发展规模，使城镇的发展控制在生态环境承载许可的范围内，实现可持续发展。

参考文献

[1] Gene Grossman M, Alan Krueger B. Environmental Impacts of the North American Free Trade Agreement [R] . NBER, Working Paper, 1991: 3914.

[2] Panayotou T. Empirical Tests and Policy Analysis of Environmental Degradation at Different Stages of Economics Development [A] . World Employment Programme Research Working Paper [C]. 1993, WEP2 -22/WP238.

[3] Schmalensee R, Stocker T, Judson R. World Carbon Dioxide Emissions: 1950—2050 [J]. Reviews of Economics and Statistics, 1998, 80 (1): 15 -27.

[4] Cole M, Development. Trade, and the Environmental: How Robust Is the Environmental Kuznets Curve [J] . Environment and Development Economics, 2003 (8): 557 -580.

[5] Wei Ming Huang, Grace Lee W M, Chih Cheng Wu. GHG Emissions, GDP Growth and the Kyoto Protocol: A Revisit of Environmental Kuznets Curve Hypothesis [J] . Energy Policy, 2008 (36): 239 -247.

[6] Shafik N, Bandyopadhyay S. Economic Growth and Environmental Quality: Time-Series and Cross-Country Evidence [A] . World Bank Working Papers [C], WPS 904, Washington, 1992: 52.

[7] Richard York, Eugene Rosa A, Thomas Dietz. Footprints on the Earth: the Environmental Consequences of Modernity [J] . American Sociological Review, 2003, 68 (4): 279 -300.

[8] Theophile Azomahou, Francois Laisney, Phu Nguyen Van. Economic Development and CO_2 Emissions: A Nonparametric Panel Approach [J] . Journal of Economics, 2006, 90 (6 -7): 1347 - 1363.

[9] Michael Grubb, Lucy Butler, Olga Feldman. Analysis of the Relatonship between Growth in Carbon Dioxide Enissims and Growth in Income [J] . Results in Mathematies, 2004, 31 (1 -2): 105 -114.

[10] James Ang B. Economic Development, Pollutant Emissions and Energy Consumption in Malaysia [J] . Journal of Policy Modeling, 2008 (30): 271 -278.

[11] 徐玉高，郭元，吴宗鑫．经济发展，碳排放和经济演化 [J] . 环境科学进展，1999 (2): 54 -64.

[12] 王中英，王礼茂．中国经济增长对碳排放的影响分析 [J] . 安全与环境学报，2006 (10): 88 -91.

[13] 杜婷婷，毛峰，罗锐．中国经济增长与 CO_2 排放演化探析 [J] . 中国人口·资源与环境，2007 (2): 94 -99.

[14] 胡初枝，黄贤金，钟太洋，等．中国碳排放特征及其动态演进分析 [J] . 中国人口·资源与环境，2008 (3): 38 -42.

[15] 王琛. 我国碳排放与经济增长的相关性分析 [J]. 管理观察，2009 (9)：149 - 150.

[16] 郑长德，刘帅. 碳排放与经济增长——基于中国各地方的空间计量经济学分析 [J]. 中国人口·资源与环境，2011 (5)：80 - 86.

[17] 陈文颖，高鹏飞，何建坤. 二氧化碳减排对中国未来 GDP 增长的影响 [J]. 清华大学学报（自然科学版），2004 (6)：744 - 747.

[18] 马晶梅，王新影. 我国能源碳排放与经济增长脱钩关系研究 [J]. 企业经济，2015 (12)：10 - 15.

[19] 林柠檬，宋文娟，姚双. 经济增长与碳排放的动态因果关系研究——基于 Bootstrap rolling window [J]. 产业经济评论，2016 (6)：105 - 115.

[20] Birdsal N. Another Look at Population and Global Warning: Population, Health and Nutrition Policy Research [A]. World Bank Working Paper [C]. WPS 1020, Washington, 1992.

[21] Knapp T, Mookerjee R. Population Growth and Global CO_2 Emissions [J]. Energy Policy, 1996 (24): 31 - 37.

[22] Shi A. The Impact of Population Pressure on Global Carbon Dioxide Emission, 1975—1996: Evidence from Pooled Cross-country Data [J]. Ecological Economics, 2003 (44): 29 - 42.

[23] York R, Rosa E, Dieta T. Stirrat, Ipat and Impact: Analytic Tolls for Unpacking the Driving Forces of Environmental Impact [J]. Ecological Economics, 2003 (3): 351 - 365.

[24] Weber C, Perrels A. Modeling Lifestyles Effects on Energy Demand and Related Emissions [J]. Energy Policy, 2000 (28): 549 - 566.

[25] Chung U, Choi J, Yun JI. Urbanization Effect on the Observed Change in Mean Monthly Temperatures between 1951—1980 and 1971—2000 in Korea [J]. Climate Change, 2004 (66): 127 - 136.

[26] York R. Demographic Trends and Energy Consumption in European Union Nations: 1960—2025 [J]. Social Science Research, 2007, 36 (3): 855 - 872.

[27] Liddle B. Demographic Dynamics and Per Capita Environmental Impact: Using Panel Regressions and Household Decompositions to Examine Population and Transport [J]. Population and Environment, 2004 (26): 23 - 39.

[28] Chen H, Jia B, Lau S S Y. Sustainable Urban Form for Chinese Compact Cities: Challenges of ARapid Urbanized Economy [J]. Habitat International, 2008 (32): 28 - 40.

[29] Ying Fan, Lan-Cui Liu, Gang Wu, et al. Analyzing Impact Factors of CO_2 Emissions Using the STIRPAT Model [J]. Environmental Impact Assessment Review, 2006 (26): 377 - 395.

[30] Michael Dalton, Brian O' Neill, Alexia Prskawetz, et al. Population Aging and Future Carbon Emissions in the United States [J]. Energy Economics, 2008 (30): 642 - 675.

[31] Wang C, Chen J N, Zou J. Decomposition of Energy-related CO_2 Emission in China: 1975—2000 [J]. Energy, 2005, 30 (1): 73 - 83.

[32] 徐国泉，刘则渊，姜照华. 中国碳排放的因素分解模型及实证分析：1995—2004 [J]. 中国人口·资源与环境，2006 (6)：158 - 161.

[33] Liu Y. Exploring the Relationship between Urbanization and Energy Consumption in China

Using ARDL (Autoregressive Distributed lag) and FDM (Factor Decomposition Model) [J]. Energy, 2009, 34 (11): 1846 - 1854.

[34] Zhang M, Mu H L, Ning Y D. Accounting for Energy-related CO_2 Emission in China, 1991—2006 [J]. Energy Policy, 2009, 37 (3): 767 - 773.

[35] 林伯强, 蒋竺均. 中国二氧化碳的环境库兹涅兹曲线预测及影响因素分析 [J]. 管理世界, 2009 (4): 27 - 36.

[36] 朱勤, 彭希哲, 陆志明, 等. 中国能源消费碳排放变化的因素分解及实证分析 [J]. 资源科学, 2009 (12): 2072 - 2079.

[37] 邹秀萍, 陈绍锋, 宁淼, 等. 中国省级区域碳排放影响因素的实证分析 [J]. 生态经济, 2009 (3): 34 - 37.

[38] 朱勤, 彭希哲, 陆志明, 等. 人口与消费对碳排放影响的分析模型与实证 [J]. 中国人口·资源与环境, 2010 (2): 98 - 102.

[39] 蒋金荷. 中国碳排放量测算及影响因素分析 [J]. 资源科学, 2011 (4): 597 - 604.

[40] 唐建荣, 张白羽, 浦徐进. 中国碳减排的技术路径及政策建议——基于经典贝叶斯平均 (BACE) 法的实证研究 [J]. 当代财经, 2011 (11): 30 - 38.

[41] 田立新, 张蓓蓓. 中国碳排放变动的因素分解分析 [J]. 中国人口·资源与环境, 2011 (11): 1 - 7.

[42] 张传平, 周倩倩, 我国碳排放影响因素研究 [J]. 河南科学, 2012 (10): 1549 - 1553.

[43] 黄蕊, 王铮, 丁冠群, 等. 基于 STIRPAT 模型的江苏省能源消费碳排放影响因素分析及趋势预测 [J]. 地理研究, 2016 (4): 781 - 789.

[44] 赵选民, 段晓琛. 基于 STIRPAT 模型的陕西省碳排放影响因素分析 [J]. 财会月刊, 2016 (12): 31 - 34.

[45] Granger C W J. Investigating Causal Relations by Econometric Models and Cross-spectral Methods [J]. Econometrica, 1969, 37 (3): 424 - 438.

[46] Baek E, Brock W. A General test for Nonlinear Granger Causality: Bivariate Model [A]. Iowa State University of Wisconsin at Madison Working Paper [C], 1992.

[47] Hiemstra C, Jones J D. Testing for Linear and Nonlinear Granger Causality in the Stock Price-volume Relation [J]. Journal of Finance, 1994 (49): 1639 - 1664.

[48] Cees Diks, Valentyn Panchenko. A New Statistic and Practical Guidelines for Nonparametric Granger Causality Testing [J]. Journal of Economic Dynamics &Control, 2006 (30): 1647 - 1669.

[49] Brooks C. Predicting Stock Index Volatility: Can Market Volume Help? [J]. Journal of Forecasting, 1998 (17): 59 - 80.

[50] Silvapulla P, Moosa I A. The Relationship between Spot and Futures Prices: Evidence from the Crude Oil Market [J]. Journal of Futures Markets, 1999 (19): 157 - 193.

[51] Abhyankar A. Linear and Non-linear Granger Causality: Evidence from the U. K. Stock Index Futures Market [J]. Journal of Futures Markets, 1998 (18): 519 - 540.

[52] Ciner C. Energy Shocks and Financial Markets: Nonlinear Linkages [J]. Studies in Non-

linear Dynamicsand Econometrics, 2001 (5): 203 - 212.

[53] Okunev J, Wilson P, Zurbruegg R. Relationships between Australian Real Estate and Stock Market Prices-ACase of Market Inefficiency [J]. Journal of Forecasting, 2002 (21): 181 - 192.

[54] 刘华军, 何礼伟. 中国省际经济增长的空间关联网络结构——基于非线性 Granger 因果检验方法的再考察 [J]. 财经研究, 2016 (2): 97 - 107.

[55] Nain Z, Bhat S A. Linear and Non-linear Causal Nexus between Oil Prices Changes and Stock Returns in India: An Empirical Assessment [J]. Iup Journal of Applied Economics, 2014, xiii (3): 27 - 44.

[56] Nain M Z, Kamaiah B. Financial Development and Economic Growth in India: Some Evidence from Non-linear Causality Analysis [J]. Economic Change and Restructuring, 2014, 47 (4): 1 - 21.

[57] Bayat T, Senturk M, Kayhan S. Exchange Rates and Foreign Exchange Reserves in Turkey: Nonlinear and Frequency Domain Causality Approach [J]. Theoretical & Applied Economics, 2014, xxi (11): 27 - 42.

[58] Azadeh Rahimi, Ba Chu M, Marc Lavoie. Linear and Non-Linear Granger Causality between Short-Term and Long-Term Interest Rates: A Rolling Window Strategy [J]. Metroeconomica, 2016 (12): 1 - 21.

[59] Tu Xiongling. The Relationship between Carbon Dioxide Emission Intensityand Economic Growth in China: Cointegration, Linear and Nonlinear Granger Causality [J]. Journal of Resources and Ecology, 2016, 7 (2): 122 - 129.

[60] 杨子晖. "经济增长"与"二氧化碳排放"关系的非线性研究: 基于发展中国家的非线性 Granger 因果检验 [J]. 世界经济, 2010 (10): 139 - 160.

[61] 梁经纬, 刘金兰, 柳洲. 分类型能源消费与中国经济增长关系研究 [J]. 云南财经大学学报, 2013 (2): 34 - 41.

[62] 王远林. 中国股票市场股利、股价之间非线性 Granger 因果关系的实证研究 [J]. 预测, 2014, 33 (1): 45 - 49.

[63] 欧阳强, 廖盛华, 李祝平, 等. 收入不平等、经济增长与碳排放关系的非线性 [J]. 系统工程, 2016 (5): 90 - 96.

[64] Leontief W, Ford D. Air Pollution and the Economic Structure: Empirical Results of Input-output Computations [A]. Paper Presented at Fifth International Conference on Input-Output Techniques [C], January, Geneva, Switzerland, 1971.

[65] Lin X, Polenske K D. Input-output Anatomy of China' s Energy Use Changes in the 1980s [J]. Economic Systems Research, 1995, 7 (1): 67 - 84.

[66] Garbaccio R F, Ho M S, Jorgenson D W. Why Has the Energy-output Ratio Fallen in China? [J]. The Energy Journal, 1999, 20 (3): 63 - 92.

[67] Mukhopahyay K, Chakraborty D. India' s Energy Consumption Changes during 1973—1974 to 1991—1992 [J]. Economics Systems Research, 1999, 11 (4): 423 - 438.

[68] Michiel de Noojj, Ren van der Kruk, Daan Van Soest P. International Comparisons of Do-

mestic Energy Consumption [J] . Energy Econmics, 2003 (25): 359 -373.

[69] Chang Y F, Lin S J. Structural Decomposition of Industrial CO_2 Emissions in Taiwan: An Input-output Approach [J] . Energy Policy, 1998, 26 (1): 5 -12.

[70] 闫云凤，杨来科，张云，等. 中国 CO_2 排放增长的结构分解分析 [J] . 海立信会计学院学报，2010 (5): 83 -89.

[71] 张友国. 经济发展方式变化对中国碳排放强度的影响 [J] . 经济研究，2010 (4): 120 -133.

[72] 计军平，马晓明. 中国温室气体排放增长的结构分解分析 [J] . 中国环境科学，2011 (12): 2076 -2082.

[73] 薛勇，郭菊娥，孟磊. 中国 CO_2 排放的影响因素分解与预测 [J] . 中国人口·资源与环境，2011 (5): 106 -112.

[74] Ang B W, Zhang F Q. A Survey of Index Decomposition Analysis in Energy and Environmental Studies [J] . Energy, 2000 (25): 1149 -1176.

[75] Zhang Z. Why Did the Intensity Fall in China's Industrial Sector in the 1990s? The Relative Importance of Structural Change and Intensity Change [J] . Energy Economics, 2003 (25): 625 -638.

[76] 徐盈之，徐康宁，胡永舜，等. 中国制造业碳排放的驱动因素及脱钩效应 [J] . 统计研究，2011 (7): 55 -61.

[77] 贺红兵. 我国碳排放影响因素分析 [D] . 华中科技大学，2012.

[78] Ma C B, Stern D I. China' s Changing Energy Intensity Trend: A Decomposition Analysis [J] . Energy Economics, 2008 (30): 1037 -1053.

[79] Wu L B, Kaneko S, Matsuoka S. Driving Forces behind the Stagnancy of China's Energy-related CO_2 Emission from 1996 to 1999: the Relative Importance of Structure Change, Intensity Change and Scale Change [J] . Energy Policy, 2005 (33): 319 -335.

[80] Wu L B, Kaneko S, Matsuoka S. Dynamics of Energy-related CO_2 Emissions in China during 1980 to 2002: the Relative Importance of Energy Supply-side and Demand-side Effects [J]. Energy Policy, 2006 (34): 3549 -3572.

[81] 雷厉，仲云云，袁晓玲，等. 中国区域碳排放的因素分解模型及实证分析 [J] . 当代经济科学，2011 (5): 59 -65.

[82] 顾成军，龚新蜀. 1999—2009 年新疆能源消费碳排放的因素分解及实证研究 [J] . 地域研究与开发，2012 (3): 140 -144.

[83] 王媛，魏本勇，方修琦，等. 基于 LMDI 方法的中国国际贸易隐含碳分解 [J] . 中国人口·资源与环境，2011 (2): 141 -146.

[84] 唐建荣，张自羽，王育红. 基于 LMDI 方法的中国碳排放驱动因素研究 [J] . 统计与信息论坛，2011 (11): 19 -25.

[85] 陈诗一，吴若沉. 经济转型中的结构调整、能源强度降低与二氧化碳减排：全国及上海的比较分析 [J] . 上海经济研究，2011 (4): 10 -23.

[86] Ang B W, Liu F L, Hyun-Sik Chung. A Generalized Fisher Index Approach to Energy De-

composition Analysis [J]. Energy Economics, 2004 (26): 757-763.

[87] 李国璋，王双. 区域能源强度变动：基于GFI的因素分解分析 [J]. 中国人口·资源与环境，2008 (4): 62-66.

[88] 方伟成，孙成访，周新萍. 基于GFI模型广东能源消费变动的因素分解分析 [J]. 东莞理工学院学报，2013 (5): 80-85.

[89] 范丹，王维国. 中国产业能源消费碳排放变化的因素分解——基于广义GFI的指数分解 [J]. 系统工程，2012 (11): 48-54.

[90] 邓聚龙. 灰色控制系统 [J]. 华中工学院学报，1982 (3): 9-18.

[91] 尹春华，顾培亮. 我国产业结构的调整与能源消费的灰色关联分析 [J]. 天津大学学报，2003 (1): 104-107.

[92] 樊艳云，陈首丽. 北京产业结构调整与能源消费的灰色关联分析 [J]. 山西财经大学学报，2010 (S1): 92-93.

[93] 张路蓬，苏屹，刘晓静. 基于灰色关联的能源消耗与产业结构调整分析 [J]. 统计与决策，2011 (15): 122-125.

[94] 欧阳强，李奇. 湖南省碳排放影响因素的灰色关联分析与预测 [J]. 长沙理工大学学报（社会科学版），2012 (1): 65-69.

[95] 袁玥，齐宇. 基于灰色关联分析的天津市碳排放驱动因素研究 [J]. 环境污染与防治，2013 (9): 101-106.

[96] 曹昶，樊重俊. 上海市碳排放影响因素的灰色关联分析与预测 [J]. 上海理工大学学报，2013 (5): 484-488.

[97] Wang Yongzhe, Ma Liping. The Relevant Influencing Factors Analysis and Prediction of Carbon Emissions in Beijing [J]. International Journal of Earth Sciences and Engineering, 2014, 7 (6): 2482-2488.

[98] 王永哲，马立平. 吉林省能源消费碳排放相关影响因素分析及预测——基于灰色关联分析和GM (1, 1) 模型 [J]. 生态经济，2016 (11): 65-70.

[99] Cliff A D, Ord J K. Spatial Autocorrelation [M]. Pion, 1973.

[100] Cliff A D, Ord J K. Spatial Processes: Models and Applications [M]. Pion, 1981.

[101] Anselin L. Spatial Econometrics: Methods and Models [M]. Kluwer Academic Publishers, 1988.

[102] Hain R. Spatial Data Analysis in the Social and Environmental Sciences [M]. Cambridge University Press, 1990.

[103] Anselin L. Spatial and Applied Econometrics [J]. Regional Science and Urban Economics (Special Issue), 1992, 22 (3): 307-316.

[104] Anselin L, Le Gallo J, Jayet H. Spatial Panel Econometrics [A]. In: Matyas L., Sevestre P. (eds). The Econometrics of Panel Data, Fundamentals and Recent Developments in Theory and Practice, 3rd [C]. Kluwer, Dordrecht, 2006: 901-969.

[105] Dubin R A. Spatial Autocorrelation and Neighborhood Quality [J]. Regional Science and Urban Economics, 1992, 22 (3): 433-452.

[106] Can A. Specification and Estimation of Hedonic Housing Price Models [J]. Regional Science and Urban Economics (Special Issue), 1992, 22 (3): 453-474.

[107] Kelejian H H, Prucha I R. A Generalized Spatial Two Stage Least Squares Procedure for Estimating A Spatial Autoregressive Model with Autoregressive Disturbances [J]. Journal of Real Estate Finance & Economics, 1998, 17 (1): 99-121.

[108] Kelejian H H, Prucha I R. A Generalized Moments Estimator for the Autoregressive Parameter in A Spatial Model [J]. International Economic Review, 1999, 40 (2): 509-533.

[109] Kelejian H H, Prucha I R. 2SLS and OLS in A Spatial Autoregressive Model with Equal Spatial Weights [J]. Regional Science and Urban Economics, 2002 (32): 691-707.

[110] Kelejian H H, Prucha I R. Estimation of Simultaneous Systems of Spatially Interrelated Cross Sectional Equations [J]. Journal of Econometrics, 2004 (118): 27-50.

[111] Kelejian H H, Prucha I R. Specification and Estimation of Spatial Autoregressive Models with Autoregressive and Heteroskedastic Disturbances [J]. Econometrics, 2010, 157 (1): 53-67.

[112] Lee L F. Best Spatial Two-stage Least Squares Estimators for A Spatial Autoregressive Model with Autoregressive Disturbances [J]. Econometric Reviews, 2003, 22 (4): 307-335.

[113] Lee L F. Asymptotic Distribution of Quasi-maximum Likelihood Estimators for Spatial Autoregressive Models [J]. Econometrica, 2004, 72 (6): 1899-1925.

[114] Lee L. F. Identification and Estimation of Econometric Model with Group Interactions, Contextual Factors and Fix Effects [J]. Econometrics, 2007 (140): 333-374.

[115] Baltagi B H, Song S H, Koh W. Testing Panel Data Regression Models With Spatial Error Correlation [J]. Journal of Econometrics, 2003, 117 (1): 123-150.

[116] Baltagi B H, Li D. Prediction in the Panel Data Model with Spatial Correlation [M]. Advances in Spatial Econometrics. Sparinger Berlin Heidelberg, 2004: 283-295.

[117] Baltagi B H. Econometric Analysis of Panel Data, 3rd edn [M]. Wiley, Chichester, 2005.

[118] Baltagi B H. Random Effects and Spatial Autocorrelation with Equal Weights [J]. Econom Theory, 2006, 22 (5): 973-984.

[119] Baltagi B H, Li D. Predication in the Panel Data Model with Spatial Correlation: the Case of Liquor [A]. Center for Policy Research Working Papers [C]. No. 84, Center for Policy Research, Maxwell School, Syracuse University, 2006.

[120] Baltagi B H, Song S H, Jung B C, et al. Testing for Serial Correlation, Spatial Autocorrelation and Random Effects Using Panel Data [J]. Journal of Econometrics, 2007 (140): 5-51.

[121] Baltagi B H, Rgger P, Pfaffermayr M. A Generalized Spatial Panel Data Model with Random Effects [A]. Center for Policy Research Working Papers [C]. Syracuse University, No 113, 2007.

[122] Elhorst J P. Specification and Estimation of Spatial Panel Data Models [J]. International Regional Science Review, 2003, 26 (3): 244-268.

[123] Elhorst J P. Unconditional Maximum Likelihood Estimation of Linear and Ln-Linear Dy-

namic Models for Spatial Panels [J] . Geograpgical Analysis, 2005, 37 (1): 62 - 83.

[124] Elhorst J P, Blien U, Wolf K. New Evidence on the Wage Curve A Spatial Panel Approach [J] . International Regional Science Review, 2007, 30 (2): 173 - 191.

[125] Elhorst J P. Serial and Spatial Error Correlation [J] . Economics Letters, 2008, 100 (3): 422 - 424.

[126] Elhorst J P. A Spatiotemporal Analysis of Aggregate Labour Force Behaviour ba Sex and Age across the European Union [J] . Journal of Geographical Systems, 2008, 10 (2): 167 - 190.

[127] Elhorst J P. Spatial Panel Data Models [A] . In: Fischer M M, Getis A. Handbook of Applied Spatial Analysis [C] . Springer-Verlag, Berlin, 2009.

[128] Elhorst J P. Applied Spatial Econometrics: Raising the Bar [J] . Spatial Economic Analysis, 2010, 5 (1): 9 - 28.

[129] Elhorst J P, Piras G, Arbia G. Growth and Convergence in A Multiregional Model with Space-Time Dynamics [J] . Geographical Analysis, 2010, 42 (3): 338 - 355.

[130] Elhorst J P. Spatial Panel Data Model [A] . In: Fischer M M, Getis A. (eds). Handbook of Applied Spatial Analysis [C] . Springer-Verlag, Berlin, 2010: 377 - 407.

[131] Elhorst J P. Spatial Econometrics From Cross-sectional Data to Spatial Panel [M]. Berlin: Springer-Verlag Berlin and Geidelerg Gmb H & Co. K, 2014.

[132] Lesage J P, Pace R K. Introduction to Spatial Econometrics [M] . CRC Press, 2009.

[133] Kelejian H H, Robinson D P. Spatial Autocorrelation: A New Computationally Simple Test with An Application to Per Capita Country Police Expenditures [J] . Regional Science and Urban Economics, 1992 (22): 317 - 333.

[134] Basu S, Thibodeau T G. Analysis of Spatial Autocorrelation in Housing Prices [J]. Journal of Real Estate Finance & Economics, 1998 (17): 61 - 85.

[135] Henry M S, Schmitt B, Piguet V. Spatial Econometric Models for Simultaneous Systems: Application to Rural Community Growth in France [J] . International Regional Science Review, 2001, 24 (2): 171 - 193.

[136] Anselin L. Spatial Effects in Econometric Practice in Environmental and Resource Economics [J] . American Journal of Agricultural Economics, 2001, 83 (3): 705 - 710.

[137] Kapoor M. Panel Data Models with Spatial Correlation: Estimation Theory and Empirical Investigation of theUnited States Wholesale Gasoline Industry [J] . Arzneimittel-Forschung, 2004, 53 (12): 850 - 856.

[138] Egger P, Pfaffermayr M, Winner H. Commodity Taxation in A “Linear” World: A Spatial Panel Data Approach [J] . Regional Science and Urban Economics, 2005, 35 (5): 527 - 541.

[139] Artis M. Common and Spatial Drivers in Regional Business Cycles [J] . Ssrn Electronic Journal, 2009 (4): 561 - 562.

[140] 王剑. 外国直接投资区域分布的决定因素——基于空间计量学的实证研究 [J] . 经济科学, 2004 (5): 116 - 125.

[141] 林光平, 龙志和, 吴梅. 我国地区经济收敛的空间计量实证分析: 1978—2002 年

[J]. 经济学(季刊), 2005 (S1): 67-82.

[142] 吴玉鸣, 李建霞. 中国区域工业全要素生产率的空间计量经济分析 [J]. 地理科学, 2006 (4): 385-391.

[143] 吴玉鸣, 李建霞. 中国省域能源消费的空间计量经济分析 [J]. 中国人口·资源与环境, 2008 (3): 93-98.

[144] 陆文聪, 梅燕. 中国粮食生产区域格局变化及其成因实证分析——基于空间计量经济学模型 [J]. 中国农业大学学报(社会科学版), 2007 (3): 140-152.

[145] 解垩. 政府效率的空间溢出效应研究 [J]. 财经研究, 2007 (6): 101-110.

[146] 姚德龙. 中国省域工业集聚的空间计量经济学分析 [J]. 统计与决策, 2008 (3): 123-125.

[147] 符淼. 省域专利面板数据的空间计量分析 [J]. 研究与发展管理, 2008 (3): 106-112.

[148] 曾召友, 龙志和, 董大勇. 基于Bayes理论的空间计量模型选择框架——以中国电信服务外溢性分析为例 [J]. 华东经济管理, 2008 (10): 61-64.

[149] 王家庭, 贾晨蕊. 我国城市化与区域经济增长差异的空间计量研究 [J]. 经济科学, 2009 (3): 94-102.

[150] 蒋伟. 中国省域城市化水平影响因素的空间计量分析 [J]. 经济地理, 2009 (4): 613-617.

[151] 踪家峰, 李蕾, 郑敏闽. 中国地方政府间标尺竞争——基于空间计量经济学的分析 [J]. 经济评论, 2009 (4): 5-12.

[152] 钱晓烨, 巍黎波. 人力资本对我国区域创新及经济增长的影响——基于空间计量的实证研究 [J]. 数量经济技术经济研究, 2010 (4): 107-121.

[153] 任英华, 徐玲, 游万海. 金融集聚影响因素空间计量模型及其应用 [J]. 数量经济技术经济研究, 2010 (5): 104-115.

[154] 李婧, 谭清美, 白俊红. 中国区域创新生产的空间计量分析——基于静态与动态空间面板模型的实证研究 [J]. 管理世界, 2010 (7): 43-65.

[155] 赵晓琴, 万迪昉. 影响中国企业慈善捐赠行为的因素: 省域空间相关的角度——基于"5·12"地震内地企业捐款的空间计量分析 [J]. 软科学, 2011 (5): 120-141.

[156] 温海珍, 张之礼, 张凌. 基于空间计量模型的住宅价格空间效应实证分析: 以杭州市为例 [J]. 系统工程理论与实践, 2011 (9): 1661-1667.

[157] 罗浩, 杨旸. 基于产业空间组织理论和空间计量方法的城市酒店区位研究 [J]. 旅游学刊, 2011 (12): 71-77.

[158] 李航飞, 唐承财, 许树辉, 等. 基于空间计量模型的广东省区域旅游业发展与经济增长研究 [J]. 中山大学学报(自然科学版), 2012 (5): 127-131.

[159] 于伟, 张鹏. 我国省域专利授权分布及影响因素的空间计量分析——基于2007—2009年统计数据的实证研究 [J]. 宏观经济研究, 2012 (6): 83-86.

[160] 向艺, 郑林, 王成璋. 旅游经济增长因素的空间计量研究 [J]. 经济地理, 2012 (6): 162-166.

[161] 郭杰，杨杰，程栩．地区腐败治理与政府支出规模——基于省级面板数据的空间计量分析 [J]．经济社会体制比较，2013 (1)：196 - 204.

[162] 方远平，谢蔓，林彰平．信息技术对服务业创新影响的空间计量分析 [J]．地理学报，2013 (8)：1119 - 1130.

[163] 桂黄宝．我国高技术产业创新效率及其影响因素空间计量分析 [J]．经济地理，2014 (6)：100 - 107.

[164] 姜松，王钊．中国城镇化与房价变动的空间计量分析 [J]．科研管理，2014 (11)：163 - 170.

[165] 李拓，李斌．中国跨地区人口流动的影响因素——基于 286 个城市面板数据的空间计量检验 [J]．中国人口科学，2015 (2)：73 - 127.

[166] 张广海，赵金金．我国交通基础设施对区域旅游经济发展影响的空间计量研究 [J]．经济管理，2015 (7)：116 - 126.

[167] 陈博文，陆玉麒，柯文前，等．江苏交通可达性与区域经济发展水平关系测度——基于空间计量视角 [J]．地理研究，2015 (12)：2283 - 2294.

[168] 冼国明，冷艳丽．地方政府债务、金融发展与 FDI——基于空间计量经济模型的实证分析 [J]．南开经济研究，2016 (3)：52 - 74.

[169] 张红历，梁银鹤，杨维琼．市场潜能、预期收入与跨省人口流动——基于空间计量模型的分析 [J]．数理统计与管理，2016 (5)：868 - 880.

[170] 董春，梁银鹤．市场潜能、城镇化与集聚效应——基于空间计量分析 [J]．科研管理，2016 (6)：28 - 36.

[171] 李长亮．基于空间计量模型的新型城镇化对产业结构升级的影响研究 [J]．西北民族大学学报（哲学社会科学版），2017 (1)：114 - 119.

[172] 张虎，韩爱华．金融集聚、创新空间效应与区域协调机制研究——基于省级面板数据的空间计量分析 [J]．中南财经政法大学学报，2017 (1)：10 - 17.

[173] Fortheringham A S, Charlton M, Brunsdon C. Two Techniques for Exploring Nonstationarity in Geographical Data [J]. Geographical Systems A, 1997, 4 (2): 59 - 82.

[174] Fortheringham A S, Charlton M, Brunsdon C. Measuring Spatial Variations in Relationships with Geographically Weighted Regression [A]. In: Fischer M M, Getis A. (Eds). Recent Developments in Spatial Analysis, Spatial Statistics, Behavioural Modelling and Neurocomputing [C]. Springer-Verlag, Berlin, 1997: 60 - 82.

[175] Foster A S, Gorr W L. An Adaptive Filter for Estimating Spatially Varying Parameters: Application to Modeling Police Hours Spent in Response to Calls for Service [J]. Management Science, 1986, 32 (7): 878 - 889.

[176] Gorr W L, Olligschlaeger A M. Weighted Spatial Adaptive Filtering: Monte Carlo Studies and Application to Illicit Drug Market Modeling [J]. Geographical Analysis, 1994, (26): 67 - 87.

[177] Bitter C, Mulligan G F, Dall' Erba S. Incorporating Spatial Variation in Housing Attribute Prices: A Comparison of Geographically Weighted Regression and the Spatial Expansion Method [J]. Journal of Geographical Systems, 2007, 9 (1): 7 - 27.

[178] Cahill M, Mulligan G. Using Geographically Weighted Regression to Explore Local Crime Patterns [J]. Social Science Computer Review, 2007, 25 (2): 174-193.

[179] Tu J, Xia Z G. Examining Spatially Varying Relationships between Land Use and Water Quality Using Geographically Weighted Regression I: Model Design and Evaluation [J]. Science of the Total Environment, 2008, 407 (1): 358-78.

[180] Öcal N, Yildirim J. Regional Effects of Terrorism on Economic Growth in Turkey: A Geographically Weighted Regression Approach [J]. Journal of Peace Research, 2010, 47 (4): 477-489.

[181] 吴玉鸣. 空间计量经济模型在省域研发与创新中的应用研究 [J]. 数量经济技术经济研究, 2006 (5): 74-130.

[182] 刘牧鑫, 蒋伟. 外商直接投资与区域经济增长: 基于地理加权回归模型的研究 [J]. 统计与信息论坛, 2009 (12): 62-65.

[183] 楚尔鸣, 许先普. 内生框架下出口贸易与区域经济增长的关系研究——基于地理加权回归模型的实证分析 [J]. 统计与信息论坛, 2011 (12): 32-38.

[184] 刘华, 杨丽霞, 朱晶, 等. 农村人口出生性别比失衡及其影响因素的空间异质性研究——基于地理加权回归模型的实证检验 [J]. 人口学刊, 2014 (4): 5-15.

[185] 陈亮, 刘亦文, 胡宗义. 中国货币政策区域异质性效应实证研究——基于空间地理加权回归模型的估计 [J]. 湖南大学学报 (自然科学版), 2015 (11): 139-144.

[186] 高晓光. 中国高技术产业创新效率影响因素的空间异质效应——基于地理加权回归模型的实证研究 [J]. 世界地理研究, 2016 (4): 122-131.

[187] 马军杰, 陈震, 尤建新. 省域一次能源 CO_2 排放的空间计量经济分析 [J]. 技术经济, 2010 (12): 62-67.

[188] 魏下海, 余玲铮. 空间依赖、碳排放与经济增长——重新解读中国的 EKC 假说 [J]. 探索, 2011 (1): 100-105.

[189] 姚奕, 倪勤. 中国地区碳强度与 FDI 的空间计量分析——基于空间面板模型的实证研究 [J]. 经济地理, 2011 (9): 1432-1438.

[190] 许泱. 中国贸易、城市化对碳排放的影响研究 [D]. 华中科技大学, 2011.

[191] 林伯强, 黄光晓. 梯度发展模式下中国区域碳排放的演化趋势——基于空间分析的视角 [J]. 金融研究, 2011 (12): 35-46.

[192] 揣小伟, 黄贤金, 王婉晶, 等. 中国能源消费碳排放的空间计量分析 [J]. 地理学报 (英文版), 2012 (4): 630-642.

[193] 姚奕. 外商直接投资对中国碳强度的影响研究 [D]. 南京航空航天大学, 2012.

[194] 彭文峰. 区域碳排放及其影响因素面板模型研究 [J]. 统计与决策, 2012 (14): 119-122.

[195] 许海平. 空间依赖、碳排放与人均收入的空间计量研究 [J]. 中国人口·资源与环境, 2012 (9): 149-157.

[196] 杜慧滨, 李娜, 王洋洋, 等. 我国区域碳排放绩效差异及其影响因素分析——基于空间经济学视角 [J]. 天津大学学报 (社会科学版), 2013 (5): 411-416.

[197] 陈志建. 中国区域碳排放收敛性及碳经济政策效用的动态随机一般均衡模拟[D]. 华东师范大学, 2013.

[198] 李丹丹, 刘锐, 陈动. 中国省域碳排放及其驱动因子的时空异质性研究[J]. 中国人口·资源与环境, 2013 (7): 84-92.

[199] 肖宏伟, 易丹辉. 中国区域工业碳排放空间计量研究[J]. 山西财经大学学报, 2013 (8): 1-11.

[200] 程叶青, 王哲野, 张守志, 等. 中国能源消费碳排放强度及其影响因素的空间计量[J]. 地理学报, 2013 (10): 1418-1431.

[201] 张陶新, 曾熬志. 中国交通碳排放空间计量分析[J]. 城市发展研究, 2013 (10): 14-20.

[202] 肖宏伟, 易丹辉, 张亚雄. 中国区域碳排放空间计量研究[J]. 经济与管理, 2013 (12): 53-62.

[203] 章昌平, 袁娟, 程皓. 西南5省(市、区)碳排放强度空间分布研究[J]. 桂林理工大学学报, 2014 (2): 376-381.

[204] 岳婷, 龙如银. 中国省域生活能源碳排放空间计量分析[J]. 北京理工大学学报(社会科学版), 2014 (2): 40-46.

[205] 赵领娣, 贾斌, 胡明照. 基于空间计量的中国省域人力资本与碳排放密度实证研究[J]. 人口与发展, 2014 (4): 2-10.

[206] 胡新艳, 林文声. 能源碳排放的空间依赖与经济增长——基于广东的空间面板模型分析[J]. 经济经纬, 2014 (4): 13-18.

[207] 肖宏伟. 基于GWR模型的中国区域碳排放影响因素空间差异研究[J]. 发展研究, 2014 (4): 15-22.

[208] 范丹. 中国二氧化碳EKC曲线扩展模型的空间计量分析[J]. 宏观经济研究, 2014 (5): 83-91.

[209] 王君婕, 张宁. 基于空间计量经济学的外商直接投资与碳排放分析[J]. 科技与管理, 2014 (5): 94-105.

[210] 柏玲, 姜磊. 基于空间面板模型的人均碳排放收敛研究[J]. 山东工商学院学报, 2014 (6): 36-44.

[211] 马越越. 低碳约束下的中国物流产业全要素生产率研究[D]. 东北财经大学, 2014.

[212] 李建豹, 张志强, 曲建升, 等. 中国省域 CO_2 排放时空格局分析[J]. 经济地理, 2014 (9): 158-165.

[213] 佟昕, 陈凯, 李刚. 国际贸易与碳排放的空间维度溢出——基于中国30个省域数据的空间计量验证[J]. 经济管理, 2014 (11): 14-24.

[214] 赵光. 基于空间计量视角下的碳排放与经济增长分析与对策——以中国地级市为研究对象[J]. 经济与管理, 2015 (1): 37-41.

[215] 徐盈之, 王书斌. 碳减排是否存在空间溢出效应?——基于省际面板数据的空间计量检验[J]. 中国地质大学学报(社会科学版), 2015 (1): 41-50.

[216] 韩晶，王赟，陈超凡. 中国工业碳排放绩效的区域差异及影响因素研究——基于省域数据的空间计量分析 [J]. 经济社会体制比较，2015 (1)：113-124.

[217] 张胜利，俞海山. 中国工业碳排放效率及其影响因素的空间计量分析 [J]. 科技与经济，2015 (4)：106-110.

[218] 袁鹏. 基于物质平衡原则的中国工业碳排放绩效分析 [J]. 中国人口·资源与环境，2015 (4)：9-20.

[219] 付云鹏，马树才，宋琪. 中国区域碳排放强度的空间计量分析 [J]. 统计研究，2015 (6)：67-73.

[220] 马大来. 中国区域碳排放效率及其影响因素的空间计量研究 [D]. 重庆大学，2015.

[221] 梅林海，蔡慧敏. 中国南北地区生活消费人均碳排放影响因素比较——基于空间计量分析 [J]. 生态经济，2015 (7)：45-50.

[222] 张翠菊，张宗益. 能源禀赋与技术进步对中国碳排放强度的空间效应 [J]. 中国人口·资源与环境，2015 (9)：37-43.

[223] 武红. 中国省域碳减排：时空格局、演变机理及政策建议——基于空间计量经济学的理论与方法 [J]. 管理世界，2015 (11)：3-10.

[224] 谭黎阳，赵宗源，李景霞. 经济新常态下的低碳城镇化建设路径分析——基于地理加权回归模型 [J]. 生产力研究，2016 (2)：1-9.

[225] 刘莉娜，曲建升，黄雨生，等. 中国居民生活碳排放的区域差异及影响因素分析 [J]. 自然资源学报，2016 (8)：1364-1377.

[226] 张兵兵，田曦，朱晶. 贸易竞争力与二氧化碳排放强度：来自跨国面板数据的经验分析 [J]. 经济问题，2016 (9)：61-68.

[227] 吕康娟，李申，俞安愚. 工业技术进步对区域碳强度的影响——基于空间计量研究 [J]. 软科学，2016 (10)：62-65.

[228] 刘贤赵，高长春，张勇，等. 中国省域能源消费碳排放空间依赖及影响因素的空间回归分析 [J]. 干旱区资源与环境，2016 (10)：1-6.

[229] 何建坤，刘滨，陈文颖. 有关全球气候变化问题上的公平性分析 [J]. 中国人口·资源与环境，2004 (6)：14-17.

[230] 潘家华. 满足基本需求的碳预算及其国际公平与可持续含义 [J]. 世界经济与政治，2008 (1)：35-42.

[231] Smith K R. Allocating Responsibility for Global Warming: the Natural Debt Index [J]. Ambio, 2004, 14 (6): 14-17.

[232] 戴君虎，王焕炯，刘亚辰，等. 人均历史累积碳排放 3 种算法及结果对比分析 [J]. 第四纪研究，2014 (4)：823-829.

[233] Ehrlich P R, Holdren J P. Impact of Population Growth [J]. Science, 1971, 171 (3977): 1212-1217.

[234] Dietz T, Rosa E A. Rethinking the Environmental Impacts of Population, Affluence and Technology [J]. Human Ecology Review, 1994 (1): 277-300.

[235] Matthew Cole A, Eric Neumayer. Examining the Impact of Demographic Factors On Air Pollution [J]. Population & environment, 2004, 26 (1): 5-21.

[236] Brock W A, Dechert W D, Scheinkman J A, et al. A Test for Independence Based on the Correlation Dimension [J]. Econometric Reviews, 1996, 15 (15): 197-235.

[237] Ramsey J B. Tests for Specification Errors in Classical Linear Least-Squares Regression Analysis [J]. Journal of the Royal StatisticalSociety, 1969, 31 (2): 350-371.

[238] Powell J L, Stoker T M. Optimal Bandwidth Choice for Density-weighted Averages [J]. Journal of Econometrics, 1996 (75): 219-316.

[239] Yoichi Kaya. Impact of Carbon Dioxide Emission on GNP Growth: Interpretation of Proposed Scenarios [R]. Paris: Presentation to the Energy and Industry Subgroup. Response Strategies Working Group, IPCC, 1989.

[240] Johan Albrecht, Delphine Francois, Koen Schoors. A Shapley Decomposition of Carbon Emissions without Residuals [J]. Energy Policy, 2002 (30): 727-736.

[241] 朱远程，张士杰. 基于STIRPAT模型的北京地区经济碳排放驱动因素分析 [J]. 特区经济，2012 (1): 77-79.

[242] 樊星. 中国碳排放测算分析与减排路径选择研究 [D]. 辽宁大学，2013.

[243] Tobler W R. A Computer Movie Simulating Urban Growth in the Detroit Region [J]. Economic Geography, 1970 (46): 234-240.

[244] Hsiao C. Analysis of Panel Data [M]. Cambridge University Press, 2003.

[245] Zift G K. The P1 P2/D Hypothesis: On the Intercity Movement of Persons [J]. American Sociological Review, 1946, 11 (6): 677-686.

[246] Smith S L J. Tourism Analysis: A Handbook [M]. Longman, 1989.

[247] Witt S F, C A Witt. Forecasting Tourism Demand: A Review of Empirical Research [J]. International Journal of Forecasting, 1995, 11 (3): 447-475.

[248] 薛文珑，金志扬. 海南省能源消费和碳排放预测研究 [J]. 环境工程，2015 (2): 153-167.

[249] 苏方林. 省域R & D知识溢出的GWR实证分析 [J]. 数量经济技术经济研究，2007 (2): 145-153.

[250] LeSage J P. A Family of Geographically Weighted Regression Models [A]. In: Anselin L, Florax R J G M, Rey S J (Eds). Advances in Spatial Econometrics: Methodology, Tools, and Applications [C]. Springer-Verlag, Berlin, 2004: 241-266.

附录1
非线性格兰杰因果检验（H－J检验和D－P检验）的R语言程序

```
data1 <-read.table ("clipboard", header = F, sep = '\t')
#原假设：x不是y的格兰杰原因
y <-data1 [, 1] #
x <-data1 [, 2]
#lx，ly为滞后阶数；k为领先阶数；T样本数或时期数；e为带宽
lx = ?
ly = ?
k = ?
T = ?
e = ?
#nrow1是行数
nrow1 =T - max (lx, ly) -k +1
x1 =matrix (0, nrow =T - max (lx, ly) -k +1, ncol =lx)
for (i in c (1: (T - max (lx, ly) -k +1)))
{
for (j in c (1: lx))
    {
x1 [i, j] =x [i +j +max (lx, ly) -min (lx, ly) -1]
   }
}
y1 =matrix (0, nrow =T - max (lx, ly) -k +1, ncol =ly)
for (i in c (1: (T - max (lx, ly) -k +1)))
{
for (j in c (1: ly))
    {
y1 [i, j] =y [i +j -1]
```

```
  }
}
z1 = matrix (0, nrow = T - max (lx, ly) - k + 1, ncol = k)
for (i in c (1: (T - max (lx, ly) - k + 1)))
{
for (j in c (1: k))
  {
z1 [i, j] = y [i + j + max (lx, ly) - 1]
  }
}
v1 = cbind (x1, y1, z1)
v2 = cbind (x1, y1)
v3 = cbind (y1, z1)
v4 = y1
o1 = matrix (0, nrow = T - max (lx, ly) - k + 1, ncol = T - max (lx, ly) - k + 1)

for (i in c (1: (T - max (lx, ly) - k + 1)))
{
for (j in c (1: (T - max (lx, ly) - k + 1)))
      {
o1 [i, j] = sqrt (sum ( (v1 [i,] - v1 [j,]) ^2))
  }
}
#numo1, numo2, numo3, numo4 是示性函数（包括 i > j 和 i < = j 时）
numo1 = sum (o1 < e) /2
cv1 = (numo1 - nrow1/2) * 2/ (nrow1 * (nrow1 - 1))
o2 = matrix (0, nrow = T - max (lx, ly) - k + 1, ncol = T - max (lx, ly) - k +
1)
for (i in c (1: (T - max (lx, ly) - k + 1)))
{
for (j in c (1: (T - max (lx, ly) - k + 1)))
  {
o2 [i, j] = sqrt (sum ( (v2 [i,] - v2 [j,]) ^2))
  }
}
```

```
numo2 = sum （o2 < e） /2
cv2 = （numo2 - nrow1/2） * 2/ （nrow1 * （nrow1 - 1））
o3 = matrix （0， nrow = T - max （lx， ly） - k + 1， ncol = T - max （lx， ly） - k +
1）
for （i in c （1： （T - max （lx， ly） - k + 1）））
    {
for （j in c （1： （T - max （lx， ly） - k + 1）））
          {
o3 [i， j] = sqrt （sum （ （v3 [i，] - v3 [j，]） ^2））
        }
  }
numo3 = sum （o3 < e） /2
cv3 = （numo3 - nrow1/2） * 2/ （nrow1 * （nrow1 - 1））
o4 = matrix （0， nrow = T - max （lx， ly） - k + 1， ncol = T - max （lx， ly） - k +
1）
for （i in c （1： （T - max （lx， ly） - k + 1）））
{
for （j in c （1： （T - max （lx， ly） - k + 1）））
    {
o4 [i， j] = sqrt （sum （ （v4 [i，] - v4 [j，]） ^2））
  }
}
numo4 = sum （o4 < e） /2
cv4 = （numo4 - nrow1/2） * 2/ （nrow1 * （nrow1 - 1））
#Tn1 是 H - J 检验的统计量
Tn1 = sqrt （ （T - max （lx， ly） - k + 1）） * （cv1/cv2 - cv3/cv4）
#dnrow1 为行向量，计算 Tn1 的服从正态分布的方差的一致估计量时使用
dnrow1 = t （c （1/cv2， - cv1/ （ （cv2） ^2）， - 1/cv4， cv3/ （ （cv4） ^2）））
t （dnrow1）
#Enrow1 为对应的协方差矩阵
Knrow1 = floor （nrow1^ （1/4））
kn1 = 1
ao1kn1 = matrix （0， nrow = T - k + 1 - （max （lx， ly） + kn1） + 1， ncol = T -
k + 1 - （max （lx， ly） + kn1） + 1）
for （i in c （1： （T - k + 1 - （max （lx， ly） + kn1） + 1）））
```

```
{
for (j in c (1: (T-k+1- (max (lx, ly) +kn1) +1)))
{
ao1kn1 [i, j] =sqrt (sum ( (v1 [i,] -v1 [j,]) ^2))
}
}
Ao1kn1 =matrix (0, nrow =T-k+1- (max (lx, ly) +kn1) +1, ncol =1)
for (i in c (1: (T-k+1- (max (lx, ly) +kn1) +1)))
{
Ao1kn1 [i, 1] = (sum (ao1kn1 [i,] <e) -1) / (nrow1 -1) -cv1
}
ao2kn1 =matrix (0, nrow =T-k+1- (max (lx, ly) +kn1) +1, ncol =T-k
+1- (max (lx, ly) +kn1) +1)
for (i in c (1: (T-k+1- (max (lx, ly) +kn1) +1)))
{
for (j in c (1: (T-k+1- (max (lx, ly) +kn1) +1)))
{
ao2kn1 [i, j] =sqrt (sum ( (v2 [i,] -v2 [j,]) ^2))
}
}
Ao2kn1 =matrix (0, nrow =T-k+1- (max (lx, ly) +kn1) +1, ncol =1)
for (i in c (1: (T-k+1- (max (lx, ly) +kn1) +1)))
{
Ao2kn1 [i, 1] = (sum (ao2kn1 [i,] <e) -1) / (nrow1 -1) -cv2
}
ao3kn1 =matrix (0, nrow =T-k+1- (max (lx, ly) +kn1) +1, ncol =T-k
+1- (max (lx, ly) +kn1) +1)
for (i in c (1: (T-k+1- (max (lx, ly) +kn1) +1)))
{
for (j in c (1: (T-k+1- (max (lx, ly) +kn1) +1)))
{
ao3kn1 [i, j] =sqrt (sum ( (v3 [i,] -v3 [j,]) ^2))
}
}
Ao3kn1 =matrix (0, nrow =T-k+1- (max (lx, ly) +kn1) +1, ncol =1)
```

```
for (i in c (1: (T-k+1- (max (lx, ly) +kn1) +1)))
{
Ao3kn1 [i, 1] = (sum (ao3kn1 [i,] <e) -1) / (nrow1-1) -cv3
}
ao4kn1 = matrix (0, nrow = T-k+1- (max (lx, ly) +kn1) +1, ncol = T-k
+1- (max (lx, ly) +kn1) +1)
for (i in c (1: (T-k+1- (max (lx, ly) +kn1) +1)))
{
for (j in c (1: (T-k+1- (max (lx, ly) +kn1) +1)))
   {
ao4kn1 [i, j] =sqrt (sum ( (v4 [i,] -v4 [j,]) ^2))
  }
}
Ao4kn1 = matrix (0, nrow = T-k+1- (max (lx, ly) +kn1) +1, ncol = 1)
for (i in c (1: (T-k+1- (max (lx, ly) +kn1) +1)))
{
Ao4kn1 [i, 1] = (sum (ao4kn1 [i,] <e) -1) / (nrow1-1) -cv4
}
#kn 等于 1 时的矩阵 Ao1kn1, Ao2kn1, Ao3kn1, Ao4kn1, kn 等于其他值时相同
Ao = cbind (Ao1kn1, Ao2kn1, Ao3kn1, Ao4kn1)
kn < -c (1: Knrow1)
Enrow1 = matrix (0, nrow =4, ncol =4)
for (i in c (1: 4))
{
for (j in c (1: 4))
      {
       Enrow1 [i, j] =sum (4*1/ (2* (nrow1-kn+1)) *2* (t (Ao [,
i])%*%Ao [, j]))
}
}
#varTn1 表示 Tn1 的方差一致估计量
varTn11 = dnrow1%*%Enrow1%*%t (dnrow1)
varTn1 = varTn11 [1, 1]
# kn1 = 1 与 kn2 = 2, kn3 = 3 …… 时的向量均为 Ao1kn1, Ao2kn1,
Ao3kn1, Ao4kn1.
```

```
#D-P检验假设定义与H-J检验相同（包括x，y，lx，ly，k，T，nrow1，x1，y1，z1，v1，v2，v3，v4，e，o1，o2，o3，o4）
fo1v1 = matrix (0, nrow = T - max (lx, ly) - k + 1, ncol = 1)
for (i in c (1: (T - max (lx, ly) - k + 1)))
{
  fo1v1 [i, 1] = ((sum (o1 [i,] < e) - 1) / (nrow1 - 1)) * ((2 * e) ^ (- lx - ly - k))}

fo2v2 = matrix (0, nrow = T - max (lx, ly) - k + 1, ncol = 1)
for (i in c (1: (T - max (lx, ly) - k + 1)))
{
  fo2v2 [i, 1] = ((sum (o2 [i,] < e) - 1) / (nrow1 - 1)) * ((2 * e) ^ (- lx - ly - k))}

fo3v3 = matrix (0, nrow = T - max (lx, ly) - k + 1, ncol = 1)
for (i in c (1: (T - max (lx, ly) - k + 1)))
{
  fo3v3 [i, 1] = ((sum (o3 [i,] < e) - 1) / (nrow1 - 1)) * ((2 * e) ^ (- lx - ly - k))}

fo4v4 = matrix (0, nrow = T - max (lx, ly) - k + 1, ncol = 1)
for (i in c (1: (T - max (lx, ly) - k + 1)))
{
  fo4v4 [i, 1] = ((sum (o4 [i,] < e) - 1) / (nrow1 - 1)) * ((2 * e) ^ (- lx - ly - k))}
Tn22 = (nrow1 - 1) / (nrow1 * (nrow1 - 2)) * (t (fo1v1) %*% fo4v4 - t (fo2v2) %*% fo3v3)
Tn2 = Tn22 [1, 1]
#Tn2是D-P检验的统计量
Io4v4 = matrix ((o4 < e), nrow = nrow1, ncol = nrow1)
Io3v3 = matrix ((o3 < e), nrow = nrow1, ncol = nrow1)
Io2v2 = matrix ((o2 < e), nrow = nrow1, ncol = nrow1)
Io1v1 = matrix ((o1 < e), nrow = nrow1, ncol = nrow1)
rkn = matrix (0, nrow = nrow1, ncol = 1)
```

```
a1 = matrix (0, nrow = nrow1, ncol = 1)
for (i in c (1: (nrow1)))
{
  a1 [i, 1] =1/3 * (fo1v1 [i, 1] *fo4v4 [i, 1] - fo2v2 [i, 1] *fo3v3
[i, 1])
for (j in c (1: (nrow1)))
  {
rkn [i, 1] =rkn [i, 1] +1/ (3 * nrow1) * (fo1v1 [j, 1] *Io4v4 [j, i]
 * (2 * e) ^ ( - ly) + Io1v1 [j, i] *fo4v4 [j, 1] * (2 * e) ^ ( - lx - ly -
k) - fo2v2 [j, 1] *Io3v3 [j, i] * (2 * e) ^ ( - ly - k) - fo3v3 [j, 1] *
Io2v2 [j, i] * (2 * e) ^ ( - lx - ly))
  }
rkn [i, 1] =a1 [i, 1] +rkn [i, 1]
}
#rkn 表示 kn 取所有值时最大的向量，当 kn 取不同值时再从该向量中抽取前
(nrow1 - kn) 个和后 (nrow1 - kn) 个
rknTn = rkn - Tn2
rknTnkn1i = rknTn [1: (nrow1 - 1), 1]
rknTnkn1ik = rknTn [ (1 + 1): nrow1, 1]
#rknTnkn1i 表示 kn = 1 时 i = 1 到 i = (nrow1 - kn)，即从 rknTn 中抽取前 (nrow1
 - kn) 个元素组成的向量
#rknTnkn1ik 表示 kn = 1 时 i = 1 + kn 到 i = nrow1，即从 rknTn 中抽取后 (nrow1 -
kn) 个元素组成的向量
rknTnkn2i = rknTn [1: (nrow1 - 2), 1]
rknTnkn2ik = rknTn [ (1 + 2): nrow1, 1]
#rknTnkn2i 表示 kn = 2 时 i = 1 到 i = (nrow1 - kn)，即从 rknTn 中抽取前 (nrow1
 - kn) 个元素组成的向量
#rknTnkn2ik 表示 kn = 2 时 i = 1 + kn 到 i = nrow1，即从 rknTn 中抽取后 (nrow1 -
kn) 个元素组成的向量
#本研究涉及数据中 kn 最大等于 2，kn 取值：Knrow1 = floor (nrow1^ (1/4))，
参见 Hiemstra - Jones 检验（1994 年，1661 页式 A6）
Rkn1 = (1/ (nrow1 - 1)) * (t (rknTnkn1i)% * %rknTnkn1ik)
Rkn2 = (1/ (nrow1 - 1)) * (t (rknTnkn2i)% * %rknTnkn2ik)
wkn = 1
#kn = 1 和 2 时，wkn 均等于 1 参见 Hiemstra - Jones 检验（1994 年，1661 页式
```

A6）

varTn2 = wkn * Rkn1 ［1，1］ + wkn * Rkn2 ［1，1］

#varTn2 为 Tn2 的渐进分布方差估计值

附录2

产业能源消费结构因素广义费雪指数模型分解具体计算结果算式

$$D_{X_1} = \prod_{\substack{Z\subset\{1,2,3,4,5\}\\ 1\in Z}} \left[\frac{W(Z)}{W(Z\setminus\{1\})}\right]^{\frac{(z'-1)!(5-z')!}{5!}} = \left[\frac{\sum_{i=1}^{8}\sum_{j=1}^{3} X_{1ij}^{T} X_{2ij}^{0} X_{3ij}^{0} X_{4ij}^{0} X_{5ij}^{0}}{\sum_{i=1}^{8}\sum_{j=1}^{3} X_{1ij}^{0} X_{2ij}^{0} X_{3ij}^{0} X_{4ij}^{0} X_{5ij}^{0}}\right]^{\frac{1}{5}} \cdot$$

$$\left[\frac{\sum_{i=1}^{8}\sum_{j=1}^{3} X_{1ij}^{T} X_{2ij}^{T} X_{3ij}^{0} X_{4ij}^{0} X_{5ij}^{0}}{\sum_{i=1}^{8}\sum_{j=1}^{3} X_{1ij}^{0} X_{2ij}^{T} X_{3ij}^{0} X_{4ij}^{0} X_{5ij}^{0}} \cdot \frac{\sum_{i=1}^{8}\sum_{j=1}^{3} X_{1ij}^{T} X_{2ij}^{0} X_{3ij}^{T} X_{4ij}^{0} X_{5ij}^{0}}{\sum_{i=1}^{8}\sum_{j=1}^{3} X_{1ij}^{0} X_{2ij}^{0} X_{3ij}^{T} X_{4ij}^{0} X_{5ij}^{0}} \cdot\right.$$

$$\left.\frac{\sum_{i=1}^{8}\sum_{j=1}^{3} X_{1ij}^{T} X_{2ij}^{0} X_{3ij}^{0} X_{4ij}^{T} X_{5ij}^{0}}{\sum_{i=1}^{8}\sum_{j=1}^{3} X_{1ij}^{0} X_{2ij}^{0} X_{3ij}^{0} X_{4ij}^{T} X_{5ij}^{0}} \cdot \frac{\sum_{i=1}^{8}\sum_{j=1}^{3} X_{1ij}^{T} X_{2ij}^{0} X_{3ij}^{0} X_{4ij}^{0} X_{5ij}^{T}}{\sum_{i=1}^{8}\sum_{j=1}^{3} X_{1ij}^{0} X_{2ij}^{0} X_{3ij}^{0} X_{4ij}^{0} X_{5ij}^{T}}\right]^{\frac{1}{20}} \cdot$$

$$\left[\frac{\sum_{i=1}^{8}\sum_{j=1}^{3} X_{1ij}^{T} X_{2ij}^{T} X_{3ij}^{T} X_{4ij}^{0} X_{5ij}^{0}}{\sum_{i=1}^{8}\sum_{j=1}^{3} X_{1ij}^{0} X_{2ij}^{T} X_{3ij}^{T} X_{4ij}^{0} X_{5ij}^{0}} \cdot \frac{\sum_{i=1}^{8}\sum_{j=1}^{3} X_{1ij}^{T} X_{2ij}^{T} X_{3ij}^{0} X_{4ij}^{T} X_{5ij}^{0}}{\sum_{i=1}^{8}\sum_{j=1}^{3} X_{1ij}^{0} X_{2ij}^{T} X_{3ij}^{0} X_{4ij}^{T} X_{5ij}^{0}} \cdot\right.$$

$$\frac{\sum_{i=1}^{8}\sum_{j=1}^{3} X_{1ij}^{T} X_{2ij}^{T} X_{3ij}^{0} X_{4ij}^{0} X_{5ij}^{T}}{\sum_{i=1}^{8}\sum_{j=1}^{3} X_{1ij}^{0} X_{2ij}^{T} X_{3ij}^{0} X_{4ij}^{0} X_{5ij}^{T}} \cdot \frac{\sum_{i=1}^{8}\sum_{j=1}^{3} X_{1ij}^{T} X_{2i}^{0} X_{3ij}^{T} X_{4ij}^{T} X_{5ij}^{0}}{\sum_{i=1}^{8}\sum_{j=1}^{3} X_{1ij}^{0} X_{2ij}^{0} X_{3ij}^{T} X_{4ij}^{T} X_{5ij}^{0}} \cdot$$

$$\left.\frac{\sum_{i=1}^{8}\sum_{j=1}^{3} X_{1ij}^{T} X_{2ij}^{0} X_{3ij}^{T} X_{4ij}^{0} X_{5ij}^{T}}{\sum_{i=1}^{8}\sum_{j=1}^{3} X_{1ij}^{0} X_{2ij}^{0} X_{3ij}^{T} X_{4ij}^{0} X_{5ij}^{T}} \cdot \frac{\sum_{i=1}^{8}\sum_{j=1}^{3} X_{1ij}^{T} X_{2ij}^{0} X_{3ij}^{0} X_{4ij}^{T} X_{5ij}^{T}}{\sum_{i=1}^{8}\sum_{j=1}^{3} X_{1ij}^{0} X_{2ij}^{0} X_{3ij}^{0} X_{4ij}^{T} X_{5ij}^{T}}\right]^{\frac{1}{30}} \cdot$$

$$\left[\frac{\sum_{i=1}^{8}\sum_{j=1}^{3} X_{1ij}^{T} X_{2ij}^{T} X_{3ij}^{T} X_{4ij}^{T} X_{5ij}^{0}}{\sum_{i=1}^{8}\sum_{j=1}^{3} X_{1ij}^{0} X_{2ij}^{T} X_{3ij}^{T} X_{4ij}^{T} X_{5ij}^{0}} \cdot \frac{\sum_{i=1}^{8}\sum_{j=1}^{3} X_{1ij}^{T} X_{2ij}^{T} X_{3ij}^{T} X_{4ij}^{0} X_{5ij}^{T}}{\sum_{i=1}^{8}\sum_{j=1}^{3} X_{1ij}^{0} X_{2ij}^{T} X_{3ij}^{T} X_{4ij}^{0} X_{5ij}^{T}} \cdot\right.$$

$$\left.\frac{\sum_{i=1}^{8}\sum_{j=1}^{3} X_{1ij}^{T} X_{2ij}^{T} X_{3ij}^{0} X_{4ij}^{T} X_{5ij}^{T}}{\sum_{i=1}^{8}\sum_{j=1}^{3} X_{1ij}^{0} X_{2ij}^{T} X_{3ij}^{0} X_{4ij}^{T} X_{5ij}^{T}} \cdot \frac{\sum_{i=1}^{8}\sum_{j=1}^{3} X_{1ij}^{T} X_{2ij}^{0} X_{3ij}^{T} X_{4ij}^{T} X_{5ij}^{T}}{\sum_{i=1}^{8}\sum_{j=1}^{3} X_{1ij}^{0} X_{2ij}^{0} X_{3ij}^{T} X_{4ij}^{T} X_{5ij}^{T}}\right]^{\frac{1}{20}} \cdot$$

$$\left[\frac{\sum_{i=1}^{8}\sum_{j=1}^{3} X_{1ij}^{T} X_{2ij}^{T} X_{3ij}^{T} X_{4ij}^{T} X_{5ij}^{T}}{\sum_{i=1}^{8}\sum_{j=1}^{3} X_{1ij}^{0} X_{2ij}^{T} X_{3ij}^{T} X_{4ij}^{T} X_{5ij}^{T}}\right]^{\frac{1}{5}}$$

其中，X_{1ij} 为产业能源消费结构因素；X_{2ij} 为产业能源消费强度因素；X_{3ij} 为产业结构因素；X_{4ij} 为经济发展因素；X_{5ij} 为人口城市化因素。并且 X_{2ij} ，X_{3ij} ，X_{4ij} ，X_{5ij} 与能源种类 i 无关，X_{4ij} 和 X_{5ij} 与产业类别 j 无关。

后　记

本书是在博士学位论文的基础上，结合已经发表的一些共同研究成果和后续的相关研究工作，由笔者和导师马立平教授共同修改完成的，修改时在内容上进行了一些增补和删改。

感谢首都经济贸易大学统计学院的纪宏教授、吴启富教授、刘黎明教授、刘强教授前期提出了许多宝贵意见和建议，使得后期的研究和修改完善工作得以顺利进行；感谢北京石油化工学院的陈彦玲教授、王伯安教授、陈首丽教授、景永平教授和刘卫国副教授给予的诸多帮助和支持。

这里，还要感谢我的同学丁汀、杨永恒、孟祥伟、马乐、徐宪红、李爽等的支持和帮助，他们在讨论时对本书框架的构建与修改、统计方法的使用等方面的探讨与建议使得本书得以进一步完善和顺利完成。

在项目的研究过程中阅读了大量文献资料，从中受到很多的启发，同时，本项目的研究和专著的出版受到北京市高创计划教学名师项目的资助，也得到首都经济贸易大学相关部门的大力支持，在此一并感谢。

最后，非常感谢首都经济贸易大学出版社的相关编辑，本书的修改和最终定稿均渗透着他们的心血。

本书中的很多内容在研究方法和项目设计上做了一些探索，尽管付出了诸多的努力，但肯定会存在不足与偏颇之处，有很多需要完善的地方，恳切希望读者批评指正。